Übersicht

Inhalt

1 Einleitung

PR-Evaluation und Kommunikations-Controlling sind zwei Begriffe, die in der PR-Branche oft vertauscht oder als Synonym genutzt werden. Es sind jedoch unterschiedliche Dinge, die sich gegenseitig ergänzen. Das Bild eines Schiffes veranschaulicht dies: Bevor der Kapitän den Hafen verlässt, wird er sein Schiff genau untersuchen: Ist genug Diesel im Tank, sind die Segel ordentlich verstaut, funktionieren die Armaturen? Nachdem er das Boot einer ersten Untersuchung unterzogen hat, kann der Kapitän in See stechen. Er wird das Schiff wohlüberlegt an anderen Booten und Hindernissen vorbei und wieder sicher in den Hafen steuern. Der Kapitän wird dabei auf sein Navigationsgerät achten und alle äußeren Einflüsse berücksichtigen, wie Wind und Wetter. Wenn der Kapitän das Schiff verändern, verschönern oder schneller machen möchte, bringt er es in die Werft zur Reparatur und Inspektion. Dort folgt eine genaue Untersuchung und das Schiff wird auf Vordermann gebracht.

Die Untersuchung des Schiffes stellt die Evaluation dar. Das Steuern auf hoher See hingegen ist das Controlling. Beides ist notwendig und geschieht im besten Fall Hand in Hand. Ein Schiff kann nur fahren, wenn es gesteuert wird – wobei die Professionalität vom einfachen Ruderboot bis hin zur vollautomatischen Navigation reicht. Regelmäßige Untersuchungen oder Inspektionen sind meist vom Hersteller empfohlen, aber sie sind nicht obligatorisch.

In dem Spektrum von „spontan" bis „strategisch" findet auch die „organisierte Kommunikation" statt, die durch den Einsatz von Kommunikations-Controlling gesteuert werden kann und mit Hilfe von PR-Evaluation zu optimieren ist. Dieses Buch stellt beide Bereiche dar und zeigt, in welcher Reihenfolge sie Sinn machen: Zunächst untersuchen wir das Kommunikationsobjekt, um es anschließend zu steuern. Dabei ist der hier vorgestellte Ansatz sowohl praktikabel für einfache Ruderboote (kleine Pressestellen, Verbände, Kampagnen) als auch für hochmoderne Motoryachten (strategische Unternehmenskommunikation großer Unternehmen).

2 Schnelleinstieg

Für alle, die ganz wenig Zeit haben und trotzdem einen Überblick bekommen möchten!

2.1 Warum überhaupt?

Zu Beginn gibt es meist gute Vorsätze, jedoch ganz viele Argumente gegen die Einführung von Evaluation und Kommunikations-Controlling. Hier sind einige Argumente dafür!

2.1.1 Was leistet Evaluation?

Evaluation...

> ... dokumentiert die Effektivität, die Qualität und die Effizienz Ihrer Kommunikationsarbeit.
>
> ... stellt das Bild der Organisation oder des Unternehmens in den Köpfen der Zielgruppen dar.
>
> ... zeigt langfristige Tendenzen und Trends auf.

... bietet eine objektive Basis für Ihre Kommunikationsstrategie.

... stellt Wissen zur Verfügung, mit dem ein Wettbewerbsvorteil gegenüber Mitbewerbern erreicht werden kann.

... liefert Vergleichsdaten und echtes Benchmarking (Leistungsvergleich).

... bietet Argumentationshilfen bei Budgetverhandlungen.

... dient als Frühwarnsystem vor Krisen.

... bietet intern Informationen für die Mitarbeiter – die Voraussetzung für Überzeugung, Sympathie und Identifikation mit der Organisation oder dem Unternehmen.

... bietet eine Grundlage für ein selbstbewusstes und selbstsicheres Auftreten der Kommunikationsabteilung gegenüber anderen Abteilungen.

... hilft, das Berufsbild von PR und Öffentlichkeitsarbeit weiter zu professionalisieren.

... hilft, das theoretische Wissen zu dem Fachbereich PR zu erweitern und zu prüfen.

2.1.2 Was leistet Kommunikations-Controlling?

Kommunikations-Controlling...

... ermöglicht eine systematische Steuerung von Kommunikation.

... deckt Zusammenhänge von Kommunikation und Organisationserfolg auf.

... hebt die Kommunikation auf dieselbe Ebene wie andere Geschäftsbereiche.

... ist ein Meilenstein auf dem Weg der Professionalisierung der PR als wahre Managementfunktion.

2.1.3 Was bietet Ihnen persönlich die Evaluation?

Evaluation...

... hilft, dass andere sehen, was Sie machen und wie gut Sie sind.

... hilft Ihnen, besser zu werden.

... liefert Ihnen handfeste Argumente, warum Sie Ihr Geld wert sind – und warum Sie mit mehr Geld sogar noch besser sein können.

... stärkt Ihr berufliches Selbstbewusstsein.

... kann Ihren Job sichern.

2.1.4 Was bietet Ihnen das Kommunikations-Controlling?

Kommunikations-Controlling wird von großen Unternehmen betrieben. Für die Kommunikatoren dort bietet es Transparenz und Legitimität. Meist ist es aber nicht freiwillig initiiert, sondern wird von der Unternehmensleitung gefordert – in dieser Situation ist es ein Rat, das Beste daraus zu machen und darauf zu achten, dass wirklich steuerbare Faktoren in das Kommunikations-Controlling einfließen.

2.1.5 Nachteile der Evaluation und des Kommunikations-Controllings

Evaluation kann auch unangenehm sein – vieles hat Schattenseiten. Eine gute Portion Kritikfähigkeit ist notwendig. Es ist von Vorteil, mit Offenheit und Lernbereitschaft an Evaluation und Steuerung heranzugehen. Wichtig ist, dass bei der Planung und Durchführung von Evaluation und Kommunikations-Controlling darauf geachtet wird, das Vorgehen transparent zu gestalten. Es ist wünschenswert, dass die Beteiligten, deren Arbeit evaluiert werden soll, das Verfahren mitgestalten oder wenigstens umfassend darüber informiert werden. Die Auswahl der Steuerungskennzahlen ist gut zu bedenken: z. B. kann kein PR-Profi sicher steuern, was in den Medien geschrieben wird – daher sollte er sich auch nicht ausschließlich daran messen lassen.

Evaluation und Kommunikations-Controlling kosten Zeit und Geld. Dies sind Ressourcen, die sonst für die Kommunikationsarbeit zur Verfügung stehen würden. Aber: Wie soll der Prozess effektiver und effizienter werden, wenn sich diese Zeit nicht genommen wird? Wenn sich nicht die Mühe gemacht wird, die Situation in Ruhe anzuschauen, um zu überlegen, wie was besser gemacht werden könnte? Jeder Verbesserungsprozess beginnt mit einem Evaluationsvorgang: z. B. der Rennfahrer, der seinen neuen Wagen ausprobiert, bevor er ihn von den Technikern überarbeiten lässt. Verbessern geht nur durch konstruktive Kritik und Übung. In anderen Lebenslagen ist es unbestritten, dass Ressourcen benötigt werden, um Leistungen zu verbessern. Daher sollte dies auch für die professionelle Kommunikation akzeptiert werden.

2.2 Das Ziel

Ihr Hauptanliegen ist es, dem Unternehmen einen wahrnehmbaren Nutzen zu bringen. Dieser liegt in erster Linie darin, dem Unternehmen Handlungsfreiheit zu verschaffen. Das kann bedeuten, dass potenzielle Störungen, z. B. durch Aktivisten, vermieden oder beseitigt werden, dass ein gutes Meinungsklima und ein hoher Informationsstand geschaffen werden, oder dass Kosten reduziert werden (z. B. für die Personalakquise). Die konkrete Absatzsteigerung ist in diesem Verständnis von Unternehmenskommunikation nicht das direkte Ziel von PR.

Bei allem, was Sie tun, ist es wichtig, dass der argumentative Bezug zu diesem Hauptziel herstellbar ist und kontrolliert wird. Damit sind Sie sicher, dass Ihre Arbeit einem höheren Ziel folgt und nicht zum Selbstzweck betrieben wird.

2.3 Wie evaluiere ich...

Für die Leser, die direkt mit der Evaluation beginnen möchten, folgen hier einige Hinweise, worauf zu achten ist. Generell sollte ein Verständnis dafür entwickelt werden, dass eine Abteilung oder ein Team nur so gut und effektiv arbeiten kann, wie die Ressourcen es zulassen: Personal, Ausbildung, Zeit, Budget, Technik, Raum und eine störungsfreie Kommunikation untereinander sind Voraussetzungen für erfolgreiches Arbeiten. Sofern diese nicht evaluiert werden sollen, ist zumindest die Relevanz dieser Faktoren im Hinterkopf zu behalten.

2.3.1 ... Pressearbeit?

Die klassische Evaluation von Pressearbeit umfasst eine Medienresonanzanalyse. Dazu gibt es zahlreiche Tipps ab Seite 39. Generell ist zu empfehlen, auch die eigenen Pressematerialien einer Qualitätsprüfung zu unterziehen. So sollten zumindest die Sprache und Schriftform der Texte kontrolliert werden.

2.3.2 ... eine Pressekonferenz?

Natürlich stellt die erzielte Medienresonanz einen wesentlichen Erfolg einer Pressekonferenz dar. Es sollte jedoch auch bedacht werden, die Veranstaltung selbst zu hinterfragen: War das Thema so attraktiv, dass die eingeladenen Journalisten auch kamen? Gab es eine ansprechende Aufbereitung des Themas? Wurden Fragen der Journalisten ernst genommen und ausreichend beantwortet? Standen kompetente Gesprächspartner zur Verfügung? Solche Fragen gehören zur Evaluation einer Pressekonferenz ebenso dazu wie der Clippingband danach. Zur Beantwortung dieser Fragen sollten möglichst die Zielpersonen selbst oder unabhängige Kommunikationsexperten befragt werden, damit die Ergebnisse Anerkennung finden.

2.3.3 ... einen Messeauftritt?

Bei einem Messeauftritt spielt die Zahl der Standbesucher eine Rolle, ebenso wie die durchschnittliche Verweildauer und die Anzahl der Gespräche. Weitere Erfolgsindikatoren sind die Anzahl der Vertragsabschlüsse. Die Attraktivität des Messestandes sollte ebenfalls kontrolliert werden. Der Vergleich verschiedener Messeauftritte kann zur Bewertung herangezogen werden. Eventuell ist sogar ein „Benchmarking-Partner" (z. B. ein befreundetes oder ähnliches Unternehmen) zu finden, mit dem Sie diese Daten vergleichen können. Auch hier gilt: Lassen Sie die Personen die Bewertung vornehmen, die Sie ansprechen möchten: Ihre Messebesucher. Eine vorbildliche Messeevaluation ist unter communicationcontrolling.de im Bereich Fallbeispiele zu finden: die ABB Messeevaluation.

2.3.4 ... interne Kommunikation?

Interne Kommunikation soll zufriedene und informierte Mitarbeiter schaffen. Die Identifikation mit dem Unternehmen oder der Organisation ist wünschenswert, ebenso wie eine emotional positive Haltung gegenüber dem Arbeitgeber. Die Zufriedenheit eines Mitarbeiters wird allerdings auch von anderen Faktoren abhängen, die nicht von der Kommunikation zu beeinflussen sind (z. B. Arbeitszeiten und -bedingungen, Führungsstil, Karrierechancen, Arbeitsklima etc.). Zur Evaluation wird zunächst die Gesamtstimmung der Mitarbeiter betrachtet, anschließend kann nach Ursachen gesucht werden. Eine Mitarbeiterumfrage und eine Analyse der Mitarbeiterzahlen und -bewegungen geben Aufschluss darüber (z. B. Fluktuation). Die Nutzung von internen Medien und Kommunikationsangeboten ist ein Erfolgsindikator der internen Kommunikation. Diese Daten existieren – sie müssen nur zusammengestellt werden.

2.3.5 ... pro bono Leistungen?

Nonprofit-Organisationen kommen oft in den Genuss von kostenlosen Leistungen. Agenturen oder Unternehmen stellen ihnen Anzeigenraum, Personal, Technik, Räume oder andere Ressourcen zur Verfügung, ohne für diese eine Gegenleistung zu erwarten. Diese Leistungen können einfach in monetärer Bewertung evaluiert werden, indem die normalen Preise für die Leistungen berechnet werden.

2.3.6 ... Sponsoring?

Wenn ein Unternehmen Sponsoring betreibt, bezahlt es Geld, damit es sich mit einer „guten Sache" ins rechte Medienlicht bringen kann. Dabei sollen möglichst die Attribute des gesponserten Objektes auf das Unternehmen übertragen werden (z. B. Sportlichkeit und Fairness). Die Medienresonanz wäre ein erstes Erfolgskriterium für Sponsoring. Dabei handelt es sich allerdings meist um Fotos, auf denen lediglich im Hintergrund das Firmenlogo zu sehen ist. Um zu erfahren, ob das Engagement des Unternehmens von den Stakeholdern positiv gesehen wird, ist eine Befragung unumgänglich. Je nach Zielgruppe können eventuell Onlinebefragungen zum Einsatz kommen oder Fokusgruppengespräche mit ausgewählten Teilnehmern (weitere Informationen ab Seite 55).

Beim Sponsoring ist darauf zu achten, dass der Bezug zwischen Sponsorpartner und Unternehmens- bzw. Kommunikationszielen gesichert ist: Warum wird gerade diese Organisation gesponsert? Diese Frage sollte vor der Evaluation von Sponsoringengagement beantwortet werden.

2.3.7 ... Blogs und andere Social Media Resonanz?

Blogs und andere Social Media Resonanz werden hier als von Nutzern generierten Medien verstanden, die *nicht von Ihrer Organisation zu steuern sind*. Sie stellen wertvolle Quellen für Stakeholdermeinungen dar und sollten von professionellen Kommunikatoren zumindest beobachtet werden. Blogs, Microblogs (z. B. Twitter) und soziale Netzwerke (z. B. Facebook) zu beobachten kann wertvolle Impulse für Ihre Arbeit bieten. Möglichkeiten hierfür werden ab Seite 53 und Seite 58ff aufgeführt. Dabei handelt es sich überwiegend um inhaltliche Analysen und Bewertungen. Direkte monetäre Bewertungen wie z. B. einen Werbeäquivalenzwert gibt es für diesen Bereich nicht, da diese Inhalte nicht käuflich sind. Indirekte monetäre Erfolgsberechnungen können in manchen Projekten angestellt werden, z.B. in Form des Wertes eines gewonnenen potenziellen Neukundens. Rein quantitative Zählungen von friends und followern, (Re-) Tweets und Likes geben einen ersten Aufschluss über Aufmerksamkeit, sagen jedoch nichts über die Qualität und inhaltliche Ausrichtung aus.

2.3.8 ... Onlinekommunikation?

Onlinekommunikation meint die *von Ihnen gesteuerten* Internetpräsentationen wie z. B. die eigene Homepage oder der Firmenblog, das Intranet, eine Facebook-Seite, Engagement in virtuellen Welten wie z. B. Second Life, ein eigener Twitteraccount etc. In diese Rubrik fallen nicht die von Nutzern generierten Onlineinhalte wie Blogs und anderen Social Media Inhalte. Die ersten Fragen, die Sie sich zur Erfolgskontrolle stellen sollten, sind: „Warum sind wir hier? Was ist unser Ziel?". Wenn Sie das Ziel definiert haben oder es zumindest nachträglich darstellen können, ist die Erfolgskontrolle „nur noch" ein Soll-Ist-Vergleich. Eine große Rolle bei der Bewertung Ihres Onlineangebots spielen Branchenstandards und Qualitätsmaßstäbe, derer die Onlinekommunikation eigene hat. Diese sind sehr ernst zu nehmen, damit Glaubwürdigkeit und Authentizität nicht aufs Spiel gesetzt werden. Als erste Bewertung kann die Positionierung auf Suchmaschinen dienen und die Häufigkeit, mit der von anderen Seiten auf Ihre verwiesen wird. Es gibt spezielle Internetbewertungsmaschinen wie z. B. www.seitwert.de, die u. a. die technische Aktualität prüfen. Automatisch generierte Kennzahlen (z. B. Klout Score, seitwert, PeerIndex) sind jedoch immer mit Vorsicht zu genießen, da sie einen komplexen Sachverhalt stark vereinfacht bewerten.

2.3.9 ... eine Krise?

Eine Krise sollte umfassend evaluiert werden, sobald sie vorbei ist. Auf diese Weise kann aus den Erfahrungen gelernt und für die Zukunft vorgesorgt werden.

Auch während der Krise ist Evaluation notwendig: In Zeiten zunehmender „Einmischung" von „ungefragten Öffentlichkeiten" in sozialen Netzwerken ist eine kontinuierliche Erfassung und Bewertung der Meinungen mittlerweile unumgänglich. Monitoringsysteme (Ausschnittdienst, GoogleAlerts, Twilerts), die während der Krise Meinungen und Berichte erfassen, sollten zum Standardprogramm eines Unternehmens gehören. Die Inhalte dieser Postings zu kategorisieren und bewerten ist eine neue Herausforderung, die Man Power und Knowhow erfordert, in einer Krise jedoch unverzichtbar ist. Das Wissen aus dieser Analyse dient als strategische Entscheidungsgrundlage für Managemententscheidungen. Die Bedeutung der Social Media für Unternehmen in Krisen ist enorm und ein Bereich, in dem die Unternehmenskommunikation noch Erfahrungen sammelt. Mehr zum Stichwort Krise auf den Seiten 24, 38 und 73.

2.3.10 ... Beziehungen zu Stakeholdern?

Eine Beziehung wird von Vertrauen, Zufriedenheit, Engagement, Macht und Wechselseitigkeit bzw. Versorgung geprägt (James Grunig's Relationship-Index, siehe Seite 92). Um die Beziehung zu Ihren Stakeholdern zu evaluieren, wäre es ein erster Schritt, die Kommunikation mit ihnen zu dokumentieren: Wie häufig sprechen Sie mit Ihren Zielgruppen? Per Email, telefonisch oder persönlich? Wie vertrauensvoll ist die Beziehung? Wie ehrlich sind Sie zueinander? Gibt es Machtunterschiede und wie werden diese empfunden? Wie zufrieden sind Sie und Ihr Gegenüber in der Beziehung? Wie lange existiert die Beziehung bereits? Diese Faktoren können für jede Stakeholdergruppe dokumentiert werden und bieten einen Anhaltspunkt zur Evaluation. Mehr zu Beziehungsmessung ab Seite 68.

2.3.11 ... Reputation?

Reputation ist ein kollektives Phänomen: Was denkt der Einzelne, was andere von einem Unternehmen, einer Organisation oder einem Bereich halten? Reputation besteht aus vielen Dimensionen: aus kognitiven, emotionalen und sozialen Faktoren. Die Reputation kann in einzelne Indikatoren heruntergebrochen und dann gemessen werden. Dafür müssen konsequenterweise die Stakeholder (Zielgruppen) befragt werden. Eine vereinfachte Messung der Medienreputation kann mit Hilfe einer inhaltlichen Medienresonanzanalyse geschehen – diese bietet aber nur einen ersten Hinweis darauf, was wirklich in den Köpfen der Menschen vorgeht. Mehr zu Reputationsmessung ab Seite 70.

2.3.12 ... den Wertbeitrag von Kommunikation?

Der Schlüssel zum Wertbeitrag der Kommunikation liegt in der Kommunikationsplanung – dort gilt es, den Link zum Unternehmenserfolg oder den Organisationszielen herzustellen. Wenn er dort mit Bedacht und in einer nachvollziehbaren Wirkungskette argumentativ dargelegt wurde, dann ist die Erfolgskontrolle dieses Wertbeitrags eine einfache Soll-Ist-Analyse. Wenn keine Wirkungskette geknüpft wurde, dann sollte zunächst intensiv evaluiert werden. Wenn dafür keine Ressourcen verfügbar sind, Ihr Chef jedoch den Wert Ihrer Kommunikationsarbeit ohne einen Eurobetrag nicht anerkennt, dann gibt es Möglichkeiten, einen monetären Wertbeitrag als Näherung zu berechnen: Opportunitätskostenrechnung, Tausendkontaktpreis, vermiedene Kosten, Einsparungen durch Effizienzsteigerungen im Prozess – Kapitel 4.4.2 zeigt ab Seite 24 Maßstäbe für Bewertungen auf, die Kapitel 5.2.3 und 6.1.5 zur Prozessevaluation und Medienresonanz zeigen einzelne Berechnungsmöglichkeiten auf (Seite 36 bzw. 44). Der Werbeäquivalenzwert (die reine Umrechnung von redaktionellem Raum in Werbekosten) wird nicht empfohlen, da er fälschlicherweise einen direkten monetären Wert für den PR-Erfolg suggeriert. Er stellt, ähnlich wie technisch automatisierte Seitwert- oder Klout-Score-Berechnungen, eine Illusion her, die die komplexe Realität täuschend und irreführend vereinfacht.

2.3.13 Wie entwickle ich ein System zum Kommunikations-Controlling?

Ein System zur strategischen Steuerung von Unternehmenskommunikation kann nicht als „Schnelleinstieg" entwickelt werden[1]. Ein solches System sollte mit Bedacht konzipiert werden, damit die eingesetzten Kennzahlen wirklich von der Unternehmenskommunikation gesteuert werden können. Es sollte nicht einfach versucht werden, möglichst viel vom „Kuchen" des Unternehmenserfolgs abzubekommen. Eine solche Haltung rächt sich in wirtschaftlich schlechten Zei-

---

[1] Ein Unternehmen nannte bei der Einführung eines strategischen Steuerungssystems für die Unternehmenskommunikation einen Zeitaufwand von 120 Manntagen (siehe Kapitel 7.3)

ten, für die die Kommunikation nichts kann, für die sie dann aber die Konsequenzen tragen muss. Eine Anleitung für die Entwicklung eines strategischen Steuerungssystems für Kommunikation wird in Kapitel 7 ab Seite 75 dargestellt.

2.4 Und was soll das alles kosten?

Evaluation braucht Ressourcen. Es wird von der PRSA[2] empfohlen, mindestens drei bis sieben Prozent des PR-Budgets für Evaluation einzuplanen. Die Erfahrung zeigt, dass Unternehmen, die die Überzeugung besitzen, dass sie evaluieren wollen und müssen, kontinuierlich fünfstellige Beträge investieren. Diese Empfehlung heißt nicht, dass unter diesem Wert keine Evaluation stattfinden kann. Es gibt zahlreiche Möglichkeiten, mit wenig oder keinem Budget erste Evaluationen durchzuführen.

Die Planung von Evaluation und Controlling kostet in erster Linie Zeit: Zeit, um sich in das Thema einzuarbeiten und Zeit, um sich über sinnvolles Handeln Gedanken zu machen. Diese Zeit können Sie entweder selbst investieren oder Sie engagieren sich einen Berater. Dienstleister finden Sie im Kapitel 9.5 ab Seite 94.

Analysen und Umfragen können Sie in Eigenregie erstellen. Dazu gibt es in der Literatur Anleitungen (siehe Seite 96) und im Internet zahlreiche kostenlose Tools (siehe Seite 94). Fertige Analysen können Sie bei Dienstleistern und Marktforschungsinstituten einkaufen. Hier einige Preisbeispiele (ohne Gewähr):

Medienresonanzanalysen (100 Artikel):
ab ca. 500 Euro für rein quantitative Auswertungen bzw. Listen
1.000 bis 3.000 Euro für eine inhaltliche Analyse (je nach Tiefe)
Zzgl. ca. 250 Euro für die Artikelbeschaffung

Omnibusumfragen: 1.000 Antworten, Preis pro Frage ab € 720 zzgl. MwSt.

Telefoninterviews: 1.000 Interviews
ja/nein Frage ab 880 €
geschlossene Frage ab 980 €
offene Frage ab 1.320 €

Persönliche Befragungen:
Bei repräsentativen Stichproben zwischen 500 und 1.000 Befragten ist mit Kosten ab 18 Euro pro befragter Person zu rechnen.

Es gibt im Internet auch kostenlose Umfragemöglichkeiten. Da sich die Anbieterlandschaft relativ schnell verändert, ist eine aktuelle Internetrecherche mit einem Suchbegriff wie „Umfrage kostenlos" zu empfehlen.

Systeme zur Steuerung der Unternehmenskommunikation sind wesentlich teurer, da sie viel Zeit in Anspruch nehmen. Es kommen schnell sechsstellige Beträge zusammen, da dafür die komplette Kommunikationsplanung auf den Prüfstand gestellt werden muss.

---

[2] Public Relations Society of America

3 Strategische PR-Evaluation – eine Begriffserklärung

Vielen PR-Praktikern ist nur eines klar: Sie müssen irgendwie ihren Erfolg und die Effekte ihres Handelns beweisen. Sie kommen in zunehmenden Legitimationsdruck, da von der Leitung oder dem Träger der Organisation oder des Unternehmens der Nachweis ihrer Effektivität und Effizienz gefordert wird. Die Frage ist, wie können Sie sich rechtfertigen? Das beliebteste Instrument der PR-Evaluation ist seit 1995 die Medienresonanzanalyse. Sie ist ein praktisches, einfach einzusetzendes Instrument, das dankbare Kennzahlen von Reichweiten und PR-Resonanz liefert, mit denen der PR-Praktiker schnell beeindrucken kann. Mittlerweile gibt es Medienresonanzanalysen von zahlreichen Dienstleistern. Sie sind schnell und günstig verfügbar.

Eine Medienresonanzanalyse ist jedoch kein Allheilmittel. Zum einen zeigt sie nicht, was wirklich in den Köpfen der Zielgruppen „angekommen" ist bzw. wie diese denken. Eine Medienresonanzanalyse kann nichts über nachhaltige Zielerreichung, z. B. eine Mobilisierung von Personen, aussagen. Zum anderen ist mittels einer Medienresonanzanalyse keine Ursachenforschung zu betreiben. Wenn Sie mit dem Effekt der Pressearbeit nicht zufrieden sind, kann das an sehr unterschiedlichen Faktoren liegen: Vielleicht war das Timing der Pressekonferenz ungeschickt, weil viele Redaktionen zu dieser Zeit Redaktionsmeetings hatten. Oder die Location war schlecht gewählt, weil es keine Parkplätze gab. Vielleicht hat auch eine Baustelle mit Schlagbohrmaschine das Zuhören während der Pressekonferenz unmöglich gemacht. Oder es hat in Strömen geregnet, während Sie die Außenbesichtigung mit den Journalisten durchführen wollten. Eine geringe Medienresonanz kann ihre Ursache auch darin haben, dass die falschen Journalisten eingeladen wurden, oder die Einladung selbst ungeschickt gestaltet war. Vielleicht lag es auch einfach nur daran, dass an diesem Tag ein anderes Ereignis alle Medienaufmerksamkeit auf sich zieht, z. B. ein Bombenanschlag oder ein Flugzeugabsturz. Das wird unter Umständen den Nachrichtenwert Ihrer Produktvorstellung verschwindend gering werden lassen. So unbeeinflussbar kann die Medienwelt sein. Solche Faktoren können ausschlaggebend für das Ergebnis schlechter Medienresonanz sein.

Wie kann also ein PR-Praktiker seine Arbeit systematisch und trotzdem pragmatisch evaluieren und steuern?

Zunächst sollten die Phasen der Kommunikation definiert werden. Natürlich beginnt der Kommunikationsprozess mit der Planung – in der Praxis mehr oder weniger systematisch und strategisch. Dieser Phase folgt die Durchführung, die gekennzeichnet ist durch die Ressourcen, die Zusammenarbeit und die Einhaltung des Plans. Es werden Maßnahmen umgesetzt und Materialien produziert. Diese erzeugen spontan sowohl direkte Resonanz (z. B. Teilnehmerzahlen) als auch Medienresonanz. Im günstigsten Falle wirken die Maßnahmen auch längerfristig und beeinflussen die Denkweise der Zielgruppe im positiven Sinne. Abschließend ist die Zielerreichung zu kontrollieren – sofern im Rahmen der Planung Ziele festgelegt wurden – was in der Praxis durchaus nicht immer der Fall ist. Das Fernziel kann z. B. die Reputation oder das Image einer Organisation sein. Es kann sich aber ebenso gut um die Mobilisierung von Personengruppen oder eine Entscheidung (z. B. ein Gesetz), die herbeigeführt werden soll, handeln. Die direkte wirtschaftliche Umsatzsteigerung wird nach dem hier vertretenen Verständnis nicht als Ziel der PR- und Öffentlichkeitsarbeit verstanden, da sie von zu vielen anderen Faktoren beeinflusst wird, die nichts mit Kommunikation zu tun haben.

Abbildung 1: Prozessbestandteile der Kommunikation

Der Kommunikationsprozess kann unterteilt werden in die Phasen Planung, Durchführung, Maß-nahmen, Medienresonanz, direkte Resonanz, Zielgruppendenken und Zielerreichung. Diese sie-ben Phasen der Kommunikation können wiederum in einzelne Faktoren unterteilt werden, die jeweils Einfluss auf Erfolg und Misserfolg haben bzw. diese dokumentieren. Sie stellen die Er-folgsfaktoren der PR dar. Je präziser der PR-Prozess beobachtet wird, umso exakter kann er optimiert und gesteuert werden. Mögliche Einzelfaktoren sind in Abbildung 2 dargestellt.

Abbildung 2: Erfolgsfaktoren der Kommunikation

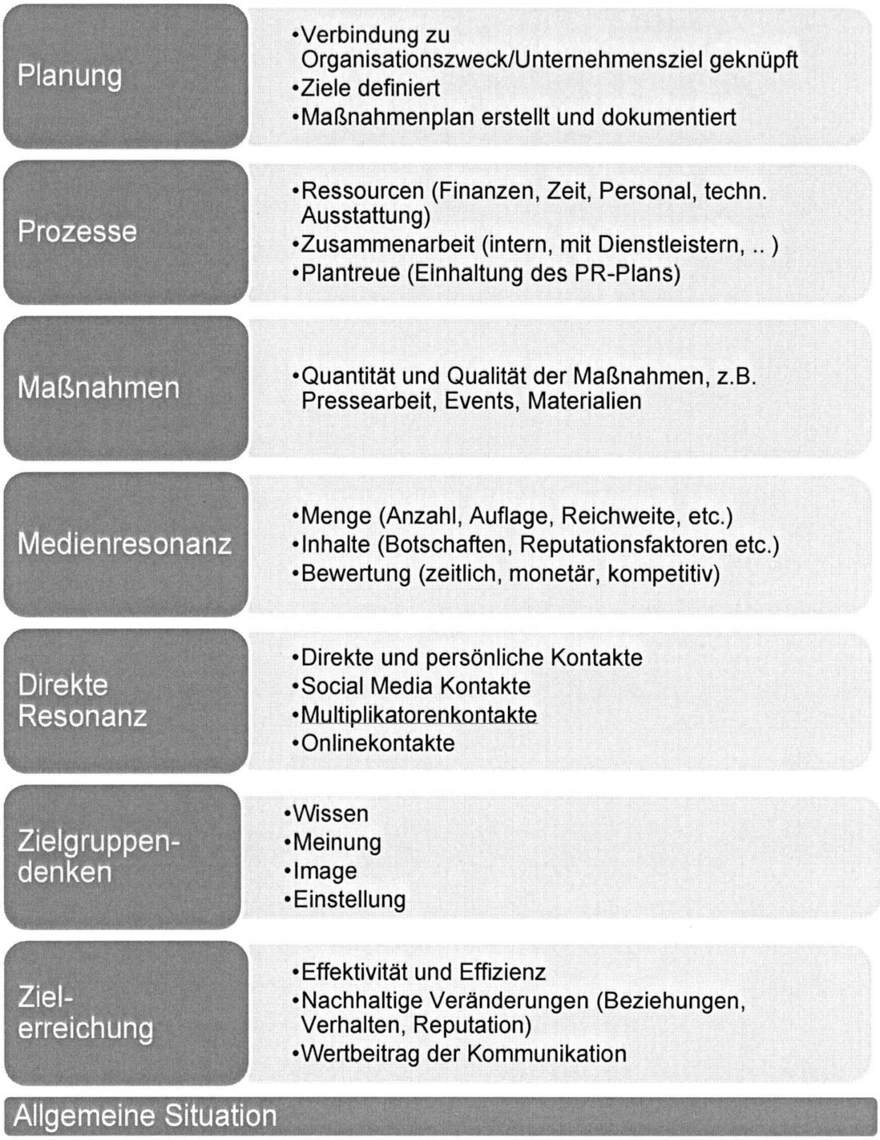

Planung	•Verbindung zu Organisationszweck/Unternehmensziel geknüpft •Ziele definiert •Maßnahmenplan erstellt und dokumentiert
Prozesse	•Ressourcen (Finanzen, Zeit, Personal, techn. Ausstattung) •Zusammenarbeit (intern, mit Dienstleistern, ..) •Plantreue (Einhaltung des PR-Plans)
Maßnahmen	•Quantität und Qualität der Maßnahmen, z.B. Pressearbeit, Events, Materialien
Medienresonanz	•Menge (Anzahl, Auflage, Reichweite, etc.) •Inhalte (Botschaften, Reputationsfaktoren etc.) •Bewertung (zeitlich, monetär, kompetitiv)
Direkte Resonanz	•Direkte und persönliche Kontakte •Social Media Kontakte •Multiplikatorenkontakte •Onlinekontakte
Zielgruppen-denken	•Wissen •Meinung •Image •Einstellung
Ziel-erreichung	•Effektivität und Effizienz •Nachhaltige Veränderungen (Beziehungen, Verhalten, Reputation) •Wertbeitrag der Kommunikation

Allgemeine Situation

Diese Aufstellung stellt einen Katalog von Erfolgsfaktoren zusammen. Die Vielzahl von Faktoren können in der Realität sicherlich nicht kontinuierlich evaluiert werden. Sie sind als Baukasten zu verstehen, aus dem die wichtigsten Faktoren herausgenommen und untersucht werden können. Die Praktikabilität der Umsetzung hat dabei erste Priorität. Zweite Priorität haben die Ziele der Evaluation.

Die Bezeichnungen für die Phasen und Einzelfaktoren wurden bewusst in Deutsch gewählt und nicht den bekannten englischen Bezeichnungen (Input, Output, Out-take, Outcome, Impact) angepasst. Die Definition dieser Bezeichnungen ist international nicht einheitlich. Daher kann es leicht zu Missverständnissen führen, wenn z. B. von Output gesprochen wird, aber eigentlich die Bewertung einer Maßnahme gemeint ist. Oder wenn die Planung und die Prozesse als Input in einer Phase vereint werden. Zuletzt brachte die DPRG mit einer eigenen Definition von Outflow (als wirtschaftlichen Erfolg der Kommunikation) ein neues Verständnis von PR in die Diskussion. Um die Verwirrung nicht zu vergrößern werden daher in diesem Zusammenhang einfache Be- zeichnungen gewählt und die englischen Begriffe vermieden.

4 Planung der Evaluation

Evaluation ist eine Tätigkeit, die Fachkompetenz erfordert und Ressourcen in Anspruch nimmt. Die Praxis zeigt, dass es nicht zielführend ist, die Evaluation „nebenbei" von PR-Praktikern er- ledigen zu lassen: Es wird immer Wichtigeres im Alltag geben, das den Praktiker von der Eva- luation abhält. Auf diese Weise fällt die Evaluation meist als erstes „vom Tisch", sowohl bei der Vergabe von Aufträgen an PR-Agenturen als auch innerhalb der PR-Abteilung.

Wenn Ihnen die Evaluation wirklich wichtig ist, braucht sie eine angemessene Ausstattung. Es wird daher empfohlen, der Evaluation Projektstatus zu geben: Das Projekt „Evaluation" besteht aus den Bestandteilen Manager, Plan, Werkzeug und Bericht. Damit verfügt das Projekt über „Hand und Fuß" und wird handlungsfähig. Finanziell wird von internationalen Berufsverbänden empfohlen, fünf bis zehn Prozent des PR-Budgets für die Evaluation einzuplanen. Der Gesamt- aufwand lässt sich allerdings durch eine durchdachte Planung sehr gut steuern. Evaluation muss nicht teuer sein – es gibt viele günstige oder kostenlose Möglichkeiten, erste einfache Reports zu erstellen.

Als Evaluationsmanager eignet sich derjenige, der sich am besten mit der Materie „Evaluation" auskennt. Er erstellt zusammen mit dem PR-Team einen Evaluationsplan, in dem zunächst die generelle Evaluationsstrategie festgehalten wird. Die hält zum Beispiel fest, ob nur die Medien- resonanz interessiert, ob Zielgruppenmeinungen untersucht werden sollen oder ob auch die Planungs- und Prozessqualität von Relevanz ist. Auf dieser Basis wird die Auswahl der Evalua- tionsinstrumente getroffen (das Werkzeug). Abschließend wird festgehalten, wie die Ergebnis- se aufzubereiten sind, wem sie zur Verfügung gestellt werden und wann sie verfügbar sein sollen (der Bericht).

Abbildung 3: Bestandteile des Projekts „Evaluation"

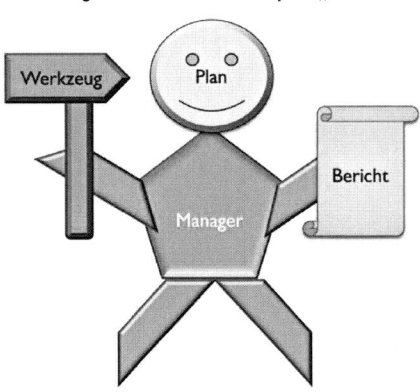

17

4.1 Der Plan

Die Ressourcen für eine Evaluation oder ein Kommunikations-Controlling sind meist begrenzt, sei es zeitlich, personell oder finanziell. Und nicht jeder PR-Fachmensch hat die Zeit, sich in das Thema so lange einzuarbeiten, bis er selbst ein „Profi" ist. Damit das Handeln im Rahmen der Gegebenheiten bleibt und trotzdem relevante Ergebnisse liefert, sollte vorher ein Plan erstellt werden, in dem diese Fragen zu beantworten sind:

- Warum wollen Sie evaluieren und/oder steuern?
- Was ist die zentrale Fragestellung, was ist Ihr oberstes Ziel?
- Welche Phasen des PR-Prozesses sollen beobachtet werden?
- Welche Instrumente sollen zum Einsatz kommen?
- Für wen sind die Ergebnisse gedacht?
- In welchem Zeitraum sollen die Ergebnisse vorliegen,
  bzw. in welchen Intervallen wird evaluiert?
- Wie werden die Ergebnisse verwendet?
- Welche Ressourcen stehen für das Projekt zur Verfügung?

Die Antworten zu diesen zentralen Fragen stellen die Strategie der Evaluation dar. Diese Strategie wird im Evaluationsplan festgehalten. Der Plan wird in vier Stufen erstellt und kann als einfaches Textdokument mit dieser vierstufigen Gliederung angelegt werden:

Abbildung 4: Vorgehensweise bei der Evaluationsplanung

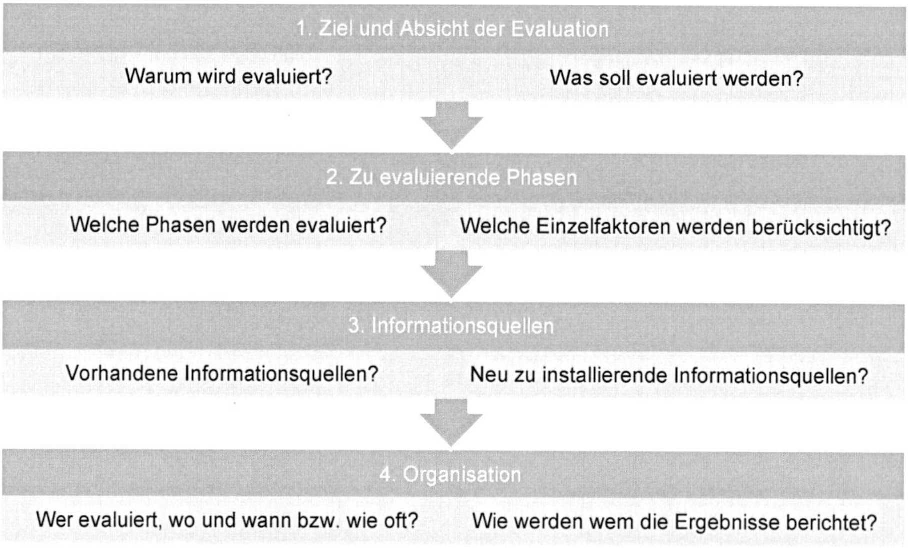

1. Ziel und Absicht der Evaluation	
Warum wird evaluiert?	Was soll evaluiert werden?

2. Zu evaluierende Phasen	
Welche Phasen werden evaluiert?	Welche Einzelfaktoren werden berücksichtigt?

3. Informationsquellen	
Vorhandene Informationsquellen?	Neu zu installierende Informationsquellen?

4. Organisation	
Wer evaluiert, wo und wann bzw. wie oft?	Wie werden wem die Ergebnisse berichtet?

4.1.1 Ziel und Absicht der Evaluation

Zunächst stellen sich diese Fragen: Was machen wir und warum? Welches Ziel verfolgt die Kommunikation? Welches Ziel verfolgt die Evaluation? Soll die Effektivität der Pressearbeit ermittelt werden? Soll eine ganze Abteilung evaluiert werden? Geht es um ein spezielles Projekt? Ist eine langfristige Steuerung geplant, für die steuerbare Indikatoren zu suchen sind? Schreiben Sie auf, welche Fragen Sie mit der Evaluation beantworten möchten.

4.1.2 Zu evaluierende Phasen

Wenn die generelle Idee der Evaluation festgelegt wurde, kann die Auswahl der zu beobachtenden Phasen und der relevanten Einzelfaktoren stattfinden (siehe Abbildung 2). Die vorher
festgelegte Idee der Evaluation bestimmt die Auswahl der zu beobachtenden Phasen, z. B.
reicht für eine erste Kontrolle der Pressearbeit eine Medienresonanzanalyse durchaus aus.
Wenn hingegen die Zielgruppenreichweite von verschiedenen PR-Maßnahmen aufgezeigt
werden soll, muss für jede Maßnahme ein passendes Evaluationsinstrument gefunden werden:
z. B. wären die Einladungs- und Teilnehmerzahlen zu einem Event zu ermitteln, oder die Anzahl
der Kontakte zu Multiplikatoren zu erfragen. Je umfangreicher die generelle Fragestellung ist,
umso strenger muss die Einschränkung der Phasen und der Einzelindikatoren ausfallen, damit
das Projekt praktikabel bleibt. In der Realität gibt es selten so große Projekte, die eine komplette Evaluation ermöglichen – auch wenn eine komplette Bestandsaufnahme und -analyse bei
Weitem wertvollere Informationen liefert als eine einzelne Medienresonanzanalyse. Nach der
Phasenfestlegung steht die Entscheidung an, welche Einzelfaktoren zu beobachten sind: z. B. ob
die Medienresonanz nur in ihrer Quantität interessiert oder ob auch inhaltliche Faktoren relevant sind (siehe Abbildung 2, rechte Spalte). Die Auswahl der Einzelfaktoren sollte von pragmatischen Beweggründen geleitet werden: Welche Informationen stehen bereits zur Verfügung
oder können einfach generiert werden? Wo kann z. B. der Evaluator einfach auf eine Verteilerliste gesetzt werden, oder wie können die Zugriffszahlen der Internetseiten unproblematisch
an die Evaluation weitergeleitet werden?

4.1.3 Informationsquellen

Zusammen mit der Festlegung der Einzelfaktoren wird entschieden, welche vorhandenen Informationsquellen zur Evaluation herangezogen werden und welche Evaluationsinstrumente neu
hinzuzufügen sind. Viele Informationen sind in Unternehmen und Organisationen latent vorhanden, werden aber nicht als „evaluationsrelevant" betrachtet (z. B. Verteilerzahlen für Newsletter). Je größer das Unternehmen, umso schwieriger kann es sich gestalten, vorhandene Informationen zu finden und zu bekommen. Sofern nicht nur einmalig evaluiert werden soll, ist es sehr
ratsam, direkt „Prozesse" zu installieren, die den Informationsfluss automatisieren (z. B. durch
Erweiterung einer Verteilerliste). Instrumente sind standardisierte Methoden, also z. B. fertige
Checklisten. Eine umfangreiche Auswahl von Instrumenten für jede Phase der PR wird in den
anschließenden Kapiteln vorgestellt. Im Kapitel 9.3 befinden sich ab Seite 93 zahlreiche Links
zu frei verfügbaren Checklisten.

4.1.4 Organisation

Wenn diese methodischen Fragen zur Evaluation beantwortet sind, stellen sich die organisatorischen Fragen: Wer ist Ansprechpartner? Wie oft wird berichtet? Wo werden die Informationen
gesammelt? Wer bekommt die Ergebnisse? Wie werden sie aufbereitet? Detaillierte Erläute-
rungen zu diesen Punkten gibt es in den folgenden Kapiteln.

4.1.5 Erstellung des Plans und Vorbereitung der Evaluation

Alle diese Informationen werden in einem Dokument gesammelt und festgeschrieben. Es stellt
den Projektplan des Projekts „Evaluation" dar. In der Praxis kostet dies große Überwindung,
da diese Planung bereits viel wertvolle Zeit in Anspruch nimmt. Es ist aber die Mühe wert und
wird Ihnen eine große Hilfe bei der Durchführung der Evaluation sein. In der Minimalversion
gleicht der Evaluationsplan dem Angebot eines Dienstleisters – sofern Sie die Evaluation extern

durchführen lassen. Oder die Informationen finden sich in der Stellenbeschreibung des internen Mitarbeiters, der für die Evaluation zuständig ist.

Es ist außerordentlich wichtig, dass die beteiligten bzw. zu evaluierenden Mitarbeiter (mindestens) über die Evaluation informiert werden. Im besten Falle werden die Eckpunkte des Evaluationsplans gemeinsam in einem Workshop erarbeitet, unter der Leitung eines unabhängigen Evaluationsexperten. Der Haupthinderungsgrund für PR-Evaluation ist nach wie vor die Angst vor schlechten Ergebnissen (zusammen mit „kein Budget", „keine Zeit", „keine Erfahrung"). Daher ist das Misstrauen der Mitarbeiter gegenüber einer Evaluation nicht zu unterschätzen und sollte aktiv durch Mitgestaltung und offene Informationspolitik zu dem Vorhaben entkräftet werden. Je weitreichender die Evaluation konzipiert ist (z. B. inkl. Prozessmanagement), umso mehr stellt sie eine direkte Bewertung von Mitarbeitern und ihren Leistungen dar. In diesem Bereich ist sehr viel Feingefühl gefragt, damit die Evaluation nicht als Persönlichkeitskontrolle angesehen wird. In größeren Betrieben ist auch der Betriebsrat bei solchen Datenerhebungen zu befragen.

4.2 Der Manager

In der Praxis erzeugt die Planung eines Evaluationsprojekts möglicherweise bereits die ersten Schwierigkeiten: Wer sich nicht gut in der Evaluation auskennt und nicht genau weiß, was alles an Instrumenten verfügbar ist, der kann schlecht entscheiden, wie evaluiert werden sollte. Es ist also entweder notwendig, sich in die Thematik einzuarbeiten oder aber einen Experten hinzuzuziehen. Da das Thema PR-Evaluation überwiegend von Ausschnittdiensten und Spezialdienstleistern getrieben wird, bieten sich eine Reihe von Experten an (ab Seite 94). Ein externer Experte ist empfehlenswert, weil er den notwendigen Abstand zum Evaluationsobjekt besitzt und mit mehr Objektivität an das Projekt herangehen kann. Es ist bei einer Beratung durch externe Dienstleister allerdings darauf zu achten, dass nicht nur fertige Tools verkauft, sondern individuelle Lösungen erarbeitet werden.

Der Projektleiter kann ein Mann oder eine Frau sein – zur Vereinfachung wird in diesem Handbuch die männliche Form gewählt. Natürlich gibt es Unterschiede zwischen weiblicher und männlicher Herangehensweise an dieses Thema, diese Erscheinung wird hier jedoch nicht näher thematisiert.

Der Projektleiter dient dem Projekt „Evaluation" oder „Kommunikations-Controlling". Während das Wort Evaluation eher zungenbrecherische Eigenschaften hat, schwingen bei dem Begriff Kommunikations-Controlling starke negative Assoziationen von Kontrolle und Macht mit. Beide sind nicht vorteilhaft und werden bisweilen mit Begriffen wie „Audit" oder „Wertschöpfung" umschifft. Das ‚Ding' sollte trotz allem einen Namen bekommen, damit man weiß, wovon man spricht und was man kommuniziert. Dementsprechend wird der Projektleiter dann vielleicht „Audit Manager", „Evaluationsmanager", „Wertschöpfungsmanager" oder „Stabsstelle Evaluation" heißen. Der Name spielt innerhalb einer Organisation eine wichtige Rolle, da dieser Titel das Projekt institutionalisiert.

Die Position selbst sollte möglichst nah an der Unternehmens- bzw. Organisationsleitung angesiedelt sein bzw. engen Kontakt dorthin pflegen. Wünschenswert wäre, dass die PR-Leitung der Leitung der Organisation direkt angegliedert ist und die Evaluation in direkter Zusammenarbeit mit der PR-Leitung stattfindet. Die Kommunikation zur Geschäftsleitung sollte in irgendeiner Form institutionalisiert sein (z. B. monatliche Infomails).

Die Aufgaben des Projektleiters umfassen sowohl die Planung der Evaluation und die Kommunikation des Vorhabens an alle beteiligen Mitarbeiter, als auch die Durchführung und Überwachung der Datensammlung sowie die anschließende Auswertung, Aufbereitung und Kommunikation der Ergebnisse. Je nach Gegebenheiten liegen die Informationssammlung und die Analyse und Aufbereitung der Daten eventuell in getrennten Händen (z. B. bei externen Dienstleistern).

Der Projektleiter sollte sich im PR-Bereich gut auskennen und wissen, wie strategische PR-Planung funktioniert. Gleichzeitig wäre es von Vorteil, wenn er Einblick in die tagtäglichen Zwänge hat, denen PR-Praktiker ausgesetzt sind und die eine mehr oder weniger große Diskrepanz zwischen Theorie und Praxis entstehen lassen. Der Projektleiter muss über eine sehr gute Methodenkompetenz verfügen und sich im Themenbereich der Evaluation und des Controllings von Kommunikation gut auskennen. Seine Kompetenz sollte von allen Beteiligten anerkannt werden, da sonst sein Vorgehen und sein Urteil in Frage gestellt werden. Menschlich sollte er sehr kommunikativ sein, dabei immer integer, verlässlich und vertrauenswürdig. Er sollte gut mit Menschen umgehen können und Moderatorenkompetenz besitzen. Es werden also sowohl „hard skills" als auch „soft skills" verlangt.

Der Projektleiter sollte über eine zentrale Arbeitsstelle verfügen, an der im günstigsten Falle die Informationen direkt eintreffen. Dies kann natürlich auch ein Onlinepostfach oder ein Sammelfach im Büro sein. Des Weiteren wäre es zur kontinuierlichen Information der Mitarbeiter wünschenswert, einen Informationsplatz zu schaffen, an dem Ergebnisse kommuniziert werden, z. B. eine Intranetseite oder eine Informationstafel.

4.3 Der Bericht

Die Ergebnisse der Evaluation werden in einem Bericht dokumentiert. Die Gefahr, dass wertvolle Informationen sonst am Ende ungenutzt in einer Schublade verschwinden, wird dadurch reduziert. Je nach Komplexität des Projekts kann daraus durchaus eine kleine Diplomarbeit werden.

Ein Bericht kann in den unterschiedlichsten Formen erstellt werden: Von einem kurzen Memo über ein Thesenpapier bis hin zu einer Farbpräsentation mit Grafiken und Tabellen oder einem detaillierten Evaluationsbericht. Eine Medienresonanzanalyse ist nach diesem Verständnis auch eine Form des Evaluationsberichts. Sie hat sich in der Form einer Präsentation mit Grafik, Text und Tabellen etabliert.

Der Evaluationsbericht sollte wie eine gute Pressemitteilung aufgebaut sein: Das Wichtigste zu Beginn in Form einer knappen Zusammenfassung, in verständlicher Sprache und mit Quellenhinweisen zu Detailinformationen. Ergebnisse sollten prägnant aufbereitet werden, d. h. in Grafiken und Tabellen, die nicht zu kompliziert, sondern schnell zu erfassen sind. Es ist von Nutzen, wenn der Bericht grafisch ansprechend gestaltet ist („Das Auge isst mit"). Schlussfolgerungen müssen mit Fakten hinterlegt sein, damit die Glaubwürdigkeit des Berichts nicht gefährdet wird. Es bietet sich an, zunächst eine allgemeine Zusammenfassung zu schreiben, diese in einer Stärken- und Schwächenanalyse weiter zu verdichten und daraus resultierend ein „Management Summary" mit den wichtigsten fünf Erkenntnissen zu formulieren. Je nach Aufgabenstellung ist es eventuell gewünscht, dass auch Handlungsempfehlungen aus den Ergebnissen abgeleitet werden. Diese müssen nachvollziehbar durch die Fakten begründet sein und sollten getrennt von den Ergebnissen dargestellt werden. Generell ist der Schritt von Evaluation zu Beratung ein kleiner Schritt. Es gibt unterschiedliche Auffassungen, inwiefern Evaluationsexperten auch PR-Beratung betreiben sollten. Es ist zu empfehlen, dass sich jeder auf die Tätigkeit konzentriert, die er beherrscht: Ein Evaluationsfachmensch kann Daten erfassen und analysieren und Trends aufspüren. Er muss nicht automatisch ein guter PR-Berater sein, sondern ist eher als Berater des PR-Beraters von Nutzen. Es sei denn, der Evaluator kommt aus der PR und verfügt über eine umfassende Erfahrung im Bereich der PR-Beratung.

Die inhaltliche Struktur des Evaluationsberichts orientiert sich an den evaluierten Phasen. Jede Phase stellt ein Kapitel dar. Eventuell gibt es zusätzlich ein Kapitel mit kombinierten Kennzahlen (z. B. Input-Output-Vergleiche). Es kann auch eine Kurzdarstellung der Ergebnisse in Form einer Performance-Analyse erstellt werden. Darin sind die wichtigsten quantitativen und inhaltlichen Ergebnisse knapp und übersichtlich dargestellt, Stärken und Schwächen markiert und eine Gesamtbeurteilung kann ebenfalls integriert werden.

Die Performance-Analyse (siehe Abbildung 5) wird individuell auf der Basis des Evaluationsplans erstellt und lässt sowohl Text als auch Zahlen zu. Sie basiert auf den Ergebnissen der Einzelfaktoren in der rechten Spalte, die zu den Phasenergebnissen zusammengefasst werden. Die Phasenergebnisse werden zu einer Bewertung der Gesamtinvestition und des Gesamteffekts verdichtet. Diese brauchen nicht nur aus Zahlen zu bestehen, sondern können auch Beschreibungen umfassen. Die Relation von Investition und Effekt ergibt die ausgewogene Bewertung der gesamten Kommunikation. Die Hoch- und Tiefpunkte der Bewertungen eignen sich zur Zusammenstellung einer Stärken-Schwächen-Analyse. Auf diese Weise lassen sich Handlungsempfehlungen schnell argumentativ ableiten. Nur die generelle Struktur ist bei dieser Präsentationsform, die auf der Phaseneinteilung des PR-Prozesses basiert (siehe Abbildung 1), vorgegeben.

Abbildung 5: Beispiel einer Performance-Analyse nach Besson (2008)

Ergebnis	Mai 07	Haupt-kenn-werte	Mai 07	Oberkennwerte	Mai 07
PR PERFOR-FOR-MANCE	Mittlere PR-Investition erzeugt einen mittelmäßigen PR-Effekt	EFFEKT	Quantität: mittel Qualität: mittel Kommentar: Bürgerinitiative niedrige Aktivität, Gewerkschaftsunterstützung und Börsengang Medienthema	Reputation	Wettbewerbsanalyse: Berichterstattung: Rang 4 von 10 Bewertung: Rang 8 von 10
				Zielgruppenresonanz	Resonanz Rate: 1,8 Artikel pro PK-Teilnehmer Einladungsrate: 1,92 eingeladen - 1,46 zugesagt - 1,33 anwesend - ein Artikel
				Medienberichterstattung	Topthema: Börsengang, Unterstützung durch Gewerkschaft Quantität: 70 % des durchschn. Monats Qualität: 100 % des Durchschnitts
				Allgemeine Situation	Bürgerinitiative: geringe Aktivität Intern: Passagierzahlen 80 % des Durchschnitts Extern: keine Ferienzeit, Konjunktur unverändert
		INVESTI-TION	Quantität: hoch Qualität: mittel Kommentar: 0,5 Drucker pro MA, PR-Planung 24 Monate alt	Instrumente	Quantität: 92 % der durchschn. monatl. PR-Aktivität PK-Bewertung: 0,2 unter durchschn. Bewertung
				Personal	97 % verfügbar (durch Urlaub/Krankheit) Qualifikationen: 83 % der MA mit PR-Ausbildung
				Technik	98 % verfügbar (durch Netzwerkausfall o. Ä.) Qualität: 1 Workstation & 0,5 Drucker pro MA
				Finanzen	20 % über Plan 10.000 Euro pro MA
				Kommentar zu Planung und Durchführung	24 Monate alter Plan, 80 % planmäßige Durchführung
				PR Konzept Kontrolle	kontrolliert

Die Performance-Analyse wird von rechts nach links gelesen, in Anlehnung an klassische Kennzahlensysteme wie dem ROI-System (Return-on-Investment). Rechts unten steht die Planung, die gemeinsam mit den Prozessen und den Maßnahmen die gesamte Investition darstellt. Darüber befindet sich der Gesamteffekt, der in Medienresonanz, direkte Zielgruppenresonanz und Reputation bzw. nachhaltige Effekte unterteilt wird. Das gesamte Geschehen kann durch die Beschreibung der allgemeinen Situation relativiert werden. Die Details dieser Datenaufbereitung sind individuell festzulegen, z. B. ob ein Ampelsystem oder ein Index eingesetzt wird oder ob mit Quotienten gearbeitet wird. Beispielkennwerte werden in den Kapiteln zu jeder Projektphase vorgeschlagen. Da das Berufsfeld der PR sehr mannigfaltig ist, macht es wenig Sinn, ein starres System vorzugeben. Flexibilität ist sehr wichtig, damit die Evaluation sowohl für kleine Pressestellen wie auch für große Hauptabteilungen Sinn macht. Eine solche Kennwertezusammenstellung kann als einfache Tabelle angelegt werden.

Die Verdichtung der einzelnen Informationen zu Gesamturteilen ist klar zu definieren, da nur durch nachvollziehbares und regelgeleitetes Handeln das Ergebnis einen Wert erhält. Die verdichteten Kennwerte können direkt an ein Steuerungssystem angeschlossen werden.

Die Vorgehensweise der Evaluation sollte im Evaluationsbericht in einem eigenen Kapitel erklärt werden, damit das Vorgehen nachvollziehbar bleibt. Ebenso sinnvoll ist eventuell ein Glossar oder ein Kapitel zur Methodik.

Je nach Vorhaben wird der Bericht einmalig oder in kontinuierlichen Intervallen erstellt. Medienresonanzanalysen werden meist monatlich oder quartalsweise erstellt. Meinungsumfragen, Imageanalysen oder Reputationsstudien hingegen gibt es meist jährlich. Die Planung einer Kommunikationsstrategie findet meist auch jährlich statt. Die Durchführung hingegen bietet kontinuierliche Informationen, ebenso wie die produzierten Materialien und durchgeführten Maßnahmen. Die Herausforderung bei der Berichtlegung ist es, diese unterschiedlichen Zeithorizonte unter ein Dach zu bekommen. Sofern eine langfristige Steuerung (Kommunikations-Controlling) geplant ist, sollte das Intervall der Berichte nicht zu groß sein, damit eine Steuerung möglich und realistisch ist. Dabei hängt es von der Art der Organisation oder des Unternehmens ab, welcher Zeitplan sinnvoll ist.

4.4 Das Werkzeug
Das Werkzeug ist der Schlüssel zum Erfolg. Wie werden Daten beschafft und wie werden sie bewertet? Dies sind Kernfragen der Evaluation.

4.4.1 Methoden und Instrumente
Die eingesetzten Methoden und Instrumente stellen die Quelle der Erkenntnis dar. Eine Evaluation kann nur so gut, aktuell und relevant sein wie die Daten, auf der sie basiert. Dabei muss die Methodik nicht immer wissenschaftliches Niveau erfüllen – es wäre unrealistisch zu erwarten, dass Evaluation in der PR-Praxis mit wissenschaftlichen Qualitätsansprüchen durchgeführt wird. Wichtig ist jedoch, bei der Datenerfassung und -auswertung Transparenz, Nachvollziehbarkeit und kontinuierliche Qualität sicher zu stellen. Sonst glaubt am Ende niemand den Ergebnissen.

Der erste Schritt zur Entscheidung, welche Datenerhebungsverfahren zur Anwendung kommen, ist die Betrachtung der definierten Infoquellen (Evaluationsplan Punkt 3, siehe Abbildung 4).

Viele Informationen werden erfahrungsgemäß durch eine schlichte Nachfrage bei dem konkreten Ansprechpartner eingeholt. Des Weiteren ist die Zahl der fertigen Dokumente und der standardmäßig vorliegenden Zahlen meist hoch. Diese sind zu sammeln und zu zählen. Zur Bewertung von Texten können z. B. Checklisten verwendet werden.

Sozialwissenschaftliche Methoden können in die Kategorien Befragung, Beobachtung und Inhaltsanalyse unterteilt werden. Datenerfassung und Datenanalyse geschehen entweder quantitativ oder qualitativ. Quantitativ bedeutet, dass es sich um Zahlen oder zählbare Einheiten handelt, mit denen gerechnet werden kann (z. B. Auflage, Anzahl der Artikel oder Kontakte) und die grafisch darzustellen sind. Qualitativ bedeutet, dass die Daten nicht gezählt werden, sondern in Textform vorliegen. Qualitative Daten sind z. B. Kommentare, Zitate oder Überschriften. Wird die Tendenz von Artikeln in einem dreistufigen Rating erfasst, dann handelt es sich um quantitative Daten, nicht qualitative – auch wenn diese Daten Aufschluss über die Qualität der Berichte geben. Nehmen Sie hingegen qualitative Daten (Inhalte) und fassen ähnliche Kommentare zu einem Überbegriff zusammen, dann lassen sich qualitative Daten quantifizieren: Die Verteilungen der Überbegriffe sind zählbar und grafisch darzustellen. Dieses Vorgehen macht Sinn, wenn z. B. ein Image ermittelt werden soll: Zunächst werden reine Kommentare erfasst und diese dann analysiert und nach Ähnlichkeit gruppiert.
In der Praxis wird die Unterscheidung von Quantität und Qualität meist nicht trennscharf gemacht. Es ist daher zu empfehlen, von „Inhalten", „Bewertung" und „Quantität" zu sprechen, damit der Unterschied in der Umgangssprache deutlich wird.

Als Möglichkeiten der Datengewinnung bieten sich folgende Methoden an:
- Desk Research (z. B. Recherche von Zahlen, Analyse von Konzeptpapieren)
- Inhaltliche, leitfadengestützte Tiefeninterviews mit Projektbeteiligten
- Quantitative Befragungen
- Inhaltsanalyse, z. B. von Pressetexten oder von Blogbeiträgen
- Medienresonanzanalyse (als standardisierte Inhaltsanalyse von Medienberichten)
- Beobachtung

4.4.2 Bewertungsmaßstäbe
Die gesammelten Daten bieten erst einen Erkenntniswert, wenn sie bewertet werden. Bewertung impliziert das Anlegen eines Maßstabs. Diese Frage stellen sich: Was ist gut? Was ist schlecht? Wo liegen die Grenzen?

Abbildung 6: Maßstäbe für die Bewertung von Kommunikation

Der Maßstab kann eine gemeinsam anerkannte Norm sein (wie z. B. das Urmeter beim Messen). Meist gibt es diese jedoch im PR-Bereich nicht. Behelfsmäßig kann ein anerkannter Experte zu Rat gezogen und gebeten werden, seinen Kommentar zu einer Kampagne abzugeben. Oder man sucht in der PR-Literatur nach Angaben zu Mindestanforderungen und -effekten. Vorher definierte messbare Zielwerte bilden die einfachste Art der Messlatte. Diese werden in der PR-Praxis aber oft nicht definiert. Sinnvoll ist es daher, zunächst Daten zu erfassen und Erfahrungswerte zu sammeln, die ein Maß für „gut" und „schlecht" darstellen. Bewertet wird dann die „Performance" im Vergleich zum Vormonat oder Vorjahreszeitraum. Wertvoll sind natürlich Vergleiche mit dem Wettbewerb: Wie machen es die anderen, und wie viel Resonanz erzeugen sie? Diese Erkenntnisse müssen Sie sich jedoch selbst beschaffen, da es im PR-Bereich (noch) keinen offenen Wettbewerbsvergleich gibt. Nur im Bereich der Unternehmenswebsites hat sich eine Benchmarking-Initiative durchgesetzt (siehe www.WebXF.de). Im Zusammenhang mit PR-Wettbewerben werden auch einige Daten veröffentlicht.

Eine weit verbreitete Methode, Medienresonanz zu bewerten, ist die Umrechnung in Geldwerte: Wie viel hätte diese redaktionelle Resonanz gekostet, wenn sie als Werbung eingekauft worden wäre? Der Werbeäquivalenzwert wird von PR-Evaluationsexperten zwar energisch in Frage gestellt, er hat sich jedoch als einfache und griffige Kennzahl, besonders in der Wirtschaft, eingebürgert. Gegenüber Vorgesetzten gilt ein Eurobetrag immer noch als die schlagkräftigste Bewertung von Kommunikation – leider. Denn die Wirkung von redaktionellen Inhalten mit der einer Anzeige gleichzusetzen ist fraglich[3]. In der Praxis wird international mit völlig willkürlich gewählten Multiplikatoren gerechnet – so das Ergebnis eines Feldversuchs in England. Dazu hat Neil Martinson vom „Central Office of Information" (COI) in London die Analyse ihrer Medienberichte bei fünf verschiedenen Agenturen für Medienanalyse in Auftrag gegeben – mit demselben Briefing, inkl. der Berichte und Fragestellungen und den dazugehörigen Definitionen. Er erhielt fünf völlig unterschiedliche Ergebnisse von den „Experten" für Medienanaly-

---

[3] Eine Studie zu diesem Thema veröffentlichten 2006 David Michaelson und Don Stacks unter
http://www.instituteforpr.org/files/uploads/Michaelson_Stacks_SOM_06.ppt. Sie fanden keinen Beweis für eine tiefere Wirkung von Kommunikation im Vergleich zur Werbung. Das „Institute for PR" pflegt eine Aufsatzsammlung zu diesem Thema unter http://www.instituteforpr.org/research/advertising.

se[4]. Dieses Ergebnis zeigt, dass vor allem die Berechnungen von Zielgruppenreichweiten und Werbeäquivalenzwerten nicht vergleichbar sind, sobald sie von unterschiedlichen Agenturen stammen. Es gibt in diesem Bereich (noch) keinen Standard, dem sich alle verpflichtet fühlen. Manche Agenturen rechnen mit einem Faktor zwischen 1 und 7, um den „Mehrwert" von redaktionellem Inhalt gegenüber der Werbeanzeige auszudrücken. Meist wird dieser Multiplikator nicht einmal offengelegt. Auch der Umgang mit negativen Berichten ist bei diesen Berechnungen nicht definiert: Wie ist negative Berichterstattung zu bewerten? Als Null Euro? Oder sollte der positive Wert als Negativwert abgezogen werden? Ist ein Faktor einzurechnen, wenn es z. B. ein Krisenbericht auf der Titelseite ist? Diese Fragen bleiben bisher unbeantwortet. Die einfachste Antwort ist, die Finger vom Werbeäquivalenzwert zu lassen und lieber andere Effizienzwerte zu berechnen, z. B. Tausendkontaktpreise. Diese berechnen, wie viel PR-Budget es gekostet hat, eine Reichweite von 1.000 Zielpersonen zu erreichen. Es kann auch berechnet werden, wie viel es gekostet hat, eine Botschaft zu platzieren. Diese Kennwerte hat Katie Paine, die „Mutter der PR-Evaluation" in den Vereinigten Staaten, entwickelt (vgl. Paine 2007). Sie stellen Input-Output-Vergleiche an, die ebenfalls monetär bewerten. Allerdings beziehen sie Budgets in die Kalkulationen ein, die oft nicht gerne an Evaluationsdienstleister herausgegeben werden. Solche Berechnungen müssen interne Mitarbeiter anstellen – die wiederum kaum Zeit dafür haben.

Eine Möglichkeit, Kommunikationsleistungen monetär zu bewerten, stellt die Opportunitätskostenrechnung nach Bruhn dar (vgl. Bruhn 1995, 240ff). Dazu wird kalkuliert, was die Leistung gekostet hätte, wenn sie extern eingekauft worden wäre. Dies funktioniert vor allem bei der Bewertung von Maßnahmen: Eine intern organisierte Pressekonferenz kann relativ einfach durch ein Briefing an Agenturen in Geldwert umgerechnet werden, ebenso wie ein Presseportal, das über ein Jahr mit aktuellen Meldungen bestückt wurde. Schwierig ist eine solche Rechnung, wenn es um Effekte geht: Zielgruppenmeinungen kann man nicht kaufen. Es ist nicht zu sagen, was die Überzeugung eines Meinungsführers „wert" ist. In der neuen Onlinewelt gibt es zwar Möglichkeiten, zu verfolgen, wer von welcher Internetseite kommt, wenn er z. B. auf die Unternehmensseite geht. Und in einzelnen Fällen ist es auch möglich, durch geschickten Einsatz von speziellen Links direkte Zusammenhänge zwischen einer Meldung, z. B. bei Twitter, und dem Umsatz des verlinkten Shops anzustellen[5]. Aber diese Möglichkeiten sind nur im Einzelfall anzuwenden – es gibt kein Patentrezept.

Die Verwendung des Begriffes ROI – „return on investment" – wird in der Branche zur Zeit diskutiert. Es gibt Tendenzen, den Begriff für die PR-Erfolgskontrolle zu verwenden, ohne jedoch seine finanzwirtschaftliche Definition zu befolgen. Diese Abwandlung des Begriffes trägt in den Augen der PR-Fachwelt eher zu einer negativen Assoziation in Bezug auf die Professionalität des PR-Berufsfeldes bei. Daher wird zunehmend (z. B. auf dem European Measurement Summit in Dublin 2012) empfohlen und gefordert, den ROI als klassische finanzielle Kennzahl zu nehmen: Erfolgsertrag der Kommunikation (sofern er bezifferbar ist) geteilt durch die Gesamtinvestition (inklusive der Personal-, Raum- und sonstigen Kosten) multipliziert mit 100. Auf der Konferenz in Dublin wurde empfohlen, den Begriff „Impact" für die nicht-finanziellen Wirkun-

---

[4] Neil Martinson präsentierte seine Ergebnisse auf der AMEC European Conference for PR Measurement am 11.6.2009 in Berlin.
[5] Die Southwest Airlines (USA) wies auf diese Weise die verkaufsfördernde Wirkung ihrer Homepage nach (vgl. Paine 2007, 36).

gen zu gebrauchen, während „Value" und/oder „ROI" für rein finanzielle Kennzahlen reserviert werden (Don Bartholomew). Die Bedeutung für die Integration der PR in das finanzwirtschaftliche System des ROI ist jedoch auch in PR-Kreisen umstritten: So ist fraglich, ob PR einen ROI ausweisen muss oder ob auch eine Kosteneffizienzaufstellung oder Dokumentation der Image- und Reputationspflege ausreicht[6].

Generell kann die monetäre Bewertung immer nur einen Ausschnitt der Kommunikation darstellen. Beziehungen sind nicht monetär zu erfassen. Auch verhinderte Berichterstattung lässt keine monetäre Bewertung zu, da die Auswirkungen einer verhinderten Krise höchstens spekulativ zu bewerten sind. Die kontinuierliche Beobachtung von Meinungen, Image, Beziehungen und Reputation kann die Effektivität von Kommunikation besser darstellen.

4.4.3 Bewertungsskalen

Ein Maßstab benötigt eine Skala, um Grenzwerte zu definieren und Ergebnisse zu klassifizieren. In der empirischen Sozialforschung gibt es verschiedene Arten von Skalen:

Abbildung 7: Skalen der empirischen Sozialwissenschaft

Skalenniveau	Charakteristik	Beispiele
Nominalskala	Alle Fälle sind klassifiziert	Medienarten, selbst-/fremdinitiiert
Ordinalskala	Reihenfolge kann gebildet werden	Einfaches Ampelsystem oder dreistufiges Rating
Intervallskala	Mittelwert kann berechnet werden, Abstände sind messbar	Mehrstufiges Ratingverfahren, Indices, Kennzahlen
Verhältnisskala	Nullpunkt vorhanden, Prozentwerte sind zu berechnen	Anzahl, Auflage, Reichweite

Evaluation bedeutet, einen Wert zuzuweisen. Dies kann unter Umständen erstaunliche Probleme bereiten: Eine Evaluation soll aus dem Blickwinkel des Auftraggebers evaluieren, aber dennoch ihre Objektivität wahren. Diesen Anspruch zu erfüllen kann unter Umständen einen Balanceakt bedeuten. Es interessiert den Auftraggeber nicht, ob seine Pressearbeit von seinem Mitbewerber gut gefunden wird. Gleichwohl wird er (eventuell) wissen wollen, ob seine Leistungen professionellem Anspruch genügen. In erster Linie wird der Auftraggeber wissen wollen, ob seine Arbeit effektiv und effizient ist oder war.

Es gibt die weitverbreitete und immer noch existierende Meinung, dass Public Relations nicht messbar seien: „Companies that use metrics have no respect for their PR function. This kind of measurement is usually only the territory of very poor PR people who have trouble impressing upon their clients the value of their work."[7] Diese Aussage bekamen Richard Gaunt und Jeff Daniels als Antwort zu ihrer Befragung über Hindernisgründe von PR-Evaluation – nicht 1990, sondern 2009.

Trotz dieser Vorurteile, die sich konsistent seit Beginn der 90er Jahre halten, gilt: PR kann bewertet werden. Die einfachste Bewertung ist gut versus schlecht. Die Erweiterung um eine Stufe ergibt bereits eine erste plakative Ampelbewertung, die jeder versteht. Ein Ranking ist ebenfalls allgemein bekannt und ordnet mehrere Bewertungsgegenstände. Sobald eine Skala mehr

---

[6] http://www.instituteforpr.org/2012/07/roi- %E2 %80 %93-the-miami-debate/
[7] „Unternehmen, die Sozialforschung einsetzen, besitzen keinen Respekt gegenüber ihrer PR-Funktion. Diese Art von Messung ist normalerweise nur in den Gefilden sehr armseliger PR-Leute zu finden, die es nicht schaffen, ihren Kunden den Wert ihrer Arbeit eindrucksvoll zu präsentieren." Präsentation auf dem AMEC Summit in Berlin, 12.6.09

als drei Stufen hat, kann ein Mittelwert berechnet werden - natürlich nur unter Berücksichtigung der Fallzahl. Unter einer Basis von 100 Fällen sollte nicht mit Prozenten argumentiert werden. Auch bei einer grafischen Auswertung ist dies zu beachten: Ein Kreisdiagramm macht keinen Sinn, wenn der halbe Kreis z. B. nur vier Fälle repräsentiert. Bei geringen Fallzahlen also immer Stufen- oder Balkendiagramme wählen, damit die absoluten Zahlen zum Ausdruck kommen! Zusätzlich ist bei geringen Fallzahlen immer auf die Zahl hinzuweisen (z. B. „n=XYZ" in der Fußzeile).

Indices[8] werden in der PR-Evaluation gerne konstruiert. Sie sind legitim, solange die Bildung transparent und anerkannt vollzogen wird. Frei nach dem Motto „Ich glaube nur der Statistik, die ich selbst gefälscht habe!", sollten Vergleiche mit anderen Projekten und Daten anderer Agenturen oder Unternehmen stets mit Vorsicht geschehen. Ein Beispiel für die Bildung eines Medienresonanz-Index stellte Katie Paine in Berlin 2009 vor:

Abbildung 8: Medienresonanz-Index (Katie Paine 2009)

Kriterium	Bestes Ergebnis	Punkte	Mittleres Ergebnis	Punkte	Schlechtestes Ergebnis	Punkte
Tonalität	Positiv	3	Neutral	0	Negativ	-3
Eigene Position vertreten	ja	2	nein	0	Gegenposition	-2
Botschaften	enthalten	3	teilweise über-nommen	0	nicht übernommen oder andere	-1
Zitate	übernommen	1			nicht übernommen oder andere	-1
Mitbewerber erwähnt	nicht	1			ja	-3
Qualitäts-punktzahl		10		0		-10

Vorschläge für die Berechnung von Indices gibt es auch von Franz Bogner, Martin Apeler, Volker Weber und Lothar Rolke (vgl. Besson 2008, Kapitel 6.2). Ein Index sollte individuell für eine Organisation entwickelt werden, in Zusammenarbeit mit allen relevanten und betroffenen Personen, damit das Ergebnis eine Bedeutung erhält – sonst bleibt es eine Zahl, die keinen Informationsmehrwert bietet.

4.4.4 Qualitative Bewertungen

Einen direkten Mehrwert bieten inhaltliche Bewertungen. Sie können unter Umständen sogar direkt als Verbesserungsvorschlag aufgegriffen werden. Dabei spielt die Quelle dieser Inhalte die wichtigste Rolle: Wer denkt so? Wenn Meinungsführer für oder gegen ihre Organisationsziele Position einnehmen, ist diese Aussage von großer Relevanz. Wenn in einer wichtigen und anerkannten Tageszeitung ein kritischer Kommentar zu Ihrem Unternehmen steht, dann sollte dieser auf jeden Fall wortwörtlich zur Kenntnis genommen werden, und nicht nur als negativer Artikel gezählt werden. Das klassische Presseecho, das es schon vor der Medienresonanzanalyse gab, bietet plakative Eindrücke und verdeutlicht Trends im Zweifel besser als komplizierte Grafiken. Bewertung muss nicht nur aus Zahlen bestehen. Gerade für Beziehungen oder Stimmungen bietet die Sprache eine weite Palette von bewertenden Ausdrucksmöglichkeiten. Sarkasmus, Witz und Ironie sind Spielweisen der Sprache, die „nur gezählt" unzureichend darge-

---

[8] Zusammengesetzte Kennzahlen

stellt werden. Daher sollte in einer Evaluation immer genügend Raum für Zitate und Kommentare sein.

4.5   Fazit zur Evaluationsplanung

Die Planung der Evaluation ist der wichtigste Teil des gesamten Projekts. In der Praxis ist es auch der unbeliebteste, weil lieber „einfach" „schnell" gemacht wird, und sich nicht erst der Kopf darüber zerbrochen wird, warum und wieso evaluiert werden soll. Je detaillierter geplant wurde, umso bessere Argumente hat man nach der Evaluation, wenn Kritik oder Zweifel an den Ergebnissen aufkommen. Daher ist es besonders wichtig, dass alle Beteiligten sich bewusst für das Evaluationskonzept entscheiden oder es zumindest kennen und akzeptieren – damit im Nachhinein niemand sagen kann, dass er das alles ablehnt.

Evaluation heißt nicht, alles zu zählen. Inhalte sind manchmal wertvoller als Zahlen, da sie dem Praktiker direkte Hinweise auf Verbesserungspotenzial liefern. Außerdem können Zitate einen starken Eindruck hinterlassen. Sie sollten allerdings wohl überlegt ausgewählt und am besten mit Zahlen hinterlegt werden (z. B. ein Zitat aus einer überregionalen Tageszeitung wird mit der entsprechenden Verbreitungszahl hinterlegt, die eventuell noch mit dem eingesetzten Budget in Verbindung gebracht wird).

4.6   Literatur zu diesem Kapitel

Besson, Nanette. Strategische PR-Evaluation. VS Verlag Wiesbaden 2008. Kapitel 3.2, 4 und 5.1

Bruhn, Manfred. Integrierte Unternehmenskommunikation. Schäfer Poschel Stuttgart 1995

Rossi, Peter/ Howard Freeman/ Mark Lipsey. Evaluation: A systematic Approach. Sage Newbury Park. 6. Auflage 1999

Paine, Katherine Delahaye. Measuring Relationships. KDPaine&Partners, Durham, NH, USA 2007

Paine, Katherine Delahaye. Measure what matters. Wiley & Sons, New Jersey, USA 2011

Wottawa, Heinrich/Heike Thierau. Lehrbuch Evaluation. Huber Bern 1998

5   Evaluation der Investition

Nachdem das generelle Verständnis von strategischer Evaluation und die Vorgehensweise bei der Planung von Evaluation in den Kapiteln 3 und 4 dargestellt wurden, geht es nun an die konkreten Maßnahmen, Instrumente und Qualitätsansprüche von Evaluation. Die Steuerung von Kommunikation („Kommunikations-Controlling") wird, wie in der Einleitung dargestellt, erst im Anschluss an eine detaillierte Evaluation empfohlen. Sie wird im Kapitel 7 ausgeführt. Gemäß dem prozessualen Ansatz von strategischer PR-Evaluation beginnt die Datenerfassung bei der investierten Arbeit: Planung, Ressourcen und Maßnahmen. Die Evaluation der Investition wird in die Phasen Konzeptionsevaluation, Prozessevaluation und Maßnahmenevaluation unterteilt. Die Investition umfasst alles, was direkt steuerbar ist: das eigene Handeln. Daher gehören auch die

Maßnahmen in ihrer Bewertung zur Investition[9]: Wenn die Pressemitteilungen z. B. schlecht formuliert sind, kann dies schnell geändert werden. Die Effekte hingegen sind nicht direkt steuerbar, da das Denken und Handeln der Zielgruppen nur indirekt zu beeinflussen ist.

5.1 Konzeptionsevaluation

Konzeptionsevaluation heißt, dass geprüft wird, ob bei der Planung des PR-Programms professionell vorgegangen wurde. Den Maßstab bilden allgemein anerkannte PR-Konzeptionsleitfäden, die mittlerweile zahlreich publiziert wurden, z. B. der Klassiker von Renée Fissenewert-Goßmann[10] und Claus Dörrbecker „Wie Profis PR-Konzeptionen entwickeln. Das Buch zur Konzeptionstechnik" (1997).

5.1.1 Kernfragen

Es gilt bei der Überprüfung der Konzeption drei Kernfragen zu beantworten: Die erste Kernfrage ist, ob der Zusammenhang zwischen dem übergeordneten Organisationsziel und den Kommunikationszielen und Maßnahmen sichergestellt wurde – damit Kommunikation nicht nur schick und kreativ ist, sondern auch dem Unternehmen oder der Organisation hilft, erfolgreich zu sein. Dabei wird dieser Zusammenhang selten in Zahlen auszudrücken sein, da der kausale Zusammenhang zwischen Unternehmenserfolg und erfolgreicher Kommunikation kaum nachzuweisen ist. Es geht vielmehr darum, eine Argumentationskette aufzustellen. Hier ein Beispiel: Je bekannter die Organisation, umso mehr Menschen machen sich ein Bild von ihr. Je mehr Menschen ein positives Bild von der Organisation haben, umso mehr Personen sind bereit, sich für die Organisationsziele einzusetzen (z. B. bei Nonprofit-Organisationen).

Die zweite Kernfrage gilt den Zielen. Jede Kommunikationskampagne sollte Ziele haben, die messbar sind. Das bedeutet, dass es einen *Stichtag* gibt, an dem ein *Kriterium* einen bestimmten *Wert* erreicht. Diese Messbarkeit macht die Erfolgskontrolle extrem einfach: Ein Soll-Ist-Vergleich bietet eine griffige Prozentzahl. In der Realität gibt es selten messbare Ziele – was nicht von der theoretischen und professionellen Forderung danach abhalten soll. Sofern Erfahrungswerte vorliegen, können diese natürlich als Zielwerte eingesetzt werden. Eventuell gibt es Informationen über ähnliche Projekte oder über Mitbewerber, die als Ziel und Maßstab herangezogen werden können. Vielleicht gibt es auch in der Literatur Angaben darüber, was z. B. eine erfolgreiche Pressekonferenz ist. Wie auch immer Zielwerte gefunden werden, die Suche lohnt sich, da die Definition von Zielwerten die Erfolgskontrolle stark vereinfacht.

Die dritte Kernfrage der Konzeptionsevaluation prüft die Existenz eines detaillierten Maßnahmenplans. Dieser sollte erkennen lassen, was wann von wem zu erledigen ist. Maßnahmenpläne gibt es ebenfalls in der einschlägigen PR-Konzeptionsliteratur. Sie sollten auch Bestandteil jedes Konzeptionsseminars sein.

Ein Beispiel für Qualitätskriterien von PR-Konzeptionen hat Peter Szyszka aufgestellt.

---

[9] Je nach Betrachtungsweise kann eine Maßnahmen auch als „Output" einer „Vorbereitungsleistung" angesehen werden.
[10] Sie heißt mittlerweile Renée Hansen und hat zuletzt 2009 das Buch „Konzeptionspraxis: Eine Einführung für PR- und Kommunikationsfachleute" zusammen mit Stephanie Schmidt veröffentlicht.

Abbildung 9: Qualitätskriterien für PR-Konzeptionen (Szyszka 2008, 68)

Lageanalyse

- Die Aufgabenstellung (Auftrag) ist konkret zu formulieren.
- Das Organisationsproblem ist in der Situationsanalyse darzustellen und auszuwerten.
- Das Kommunikationsproblem ist aus der Situationsanalyse nachvollziehbar abzuleiten und konkret zu beschreiben.

Zielsetzung

- Das Kommunikationsziel ist als messbares Wirkungsziel zu formulieren (Zielvereinbarung über angestrebten Wirkungsumfang und –zeitraum).
- Der angestrebte Wertschöpfungsbeitrag (Einfluss auf das Sozialkapital) ist ausdrücklich zu benennen.

Strategische Analyse

- Das grundsätzliche Vorgehen ist darzustellen und zu begründen.
- Die Auswahl der Zielgruppe(n) ist im Kontext des Wirkungsansatzes zu begründen.
- Die Schlüsselbotschaft(en) (Position/en) sind im Kontext des Ansatzes und der Zielgruppe(n) darzustellen

Taktische Analyse/operative Planung

- Die Auswahl von Maßnahmen/Instrumenten ist im Kontext des strategischen Ansatzes darzustellen und zu begründen.
- Zielvorgaben für die angestrebte Wirkung der einzelnen Maßnahmen/Instrumente sind eindeutig und messbar zu formulieren.
- Im Ablauf-/Zeitplan ist der Wirkungszusammenhang aufzuzeigen.
- Kosten von Maßnahmen/Instrumenten sind im Budget-/Kostenplan differenziert auszuweisen.

- Werden Konzepte im Umsetzungsprozess oder nach dessen Abschluss einer Evaluation unterzogen, sind zwei weitere Schritte notwendig:

- Die Wirkungsergebnisse der einzelnen Maßnahmen/Instrumente sind auszuweisen und einer begründeten Erfolgsbewertung zu unterziehen (Zielerreichung/Abweichungen).
- Das zusammengefasste Wirkungsergebnis ist mit dem Kommunikationsziel des Konzepts in Beziehung zu setzen und als Wertschöpfungsbeitrag zu bilanzieren.

Eine Checkliste für PR-Konzeptionen hat die Autorin auf der Basis verschiedener Konzeptions-bücher erstellt. Der Bogen ist kostenlos zum Download verfügbar[11]. Weitere Links zu Checklisten sind ab Seite 93 zu finden. Je nach Situation kann z. B. der vorhandene PR-Plan von einem unabhängigen Experten kontrolliert und bewertet werden oder es wird in einer Teamsitzung über die Qualität der Planung diskutiert. Teilweise geschieht es wohl auch, dass Konzepte „nur in den Köpfen" existieren, aber nie im Detail aufgeschrieben wurden. Dies stellt ein erstes Qualitätsdefizit dar, da virtuelle Konzeptionen von jeder Person etwas anders verstanden werden können und somit kein gesicherter Konsens über das gemeinsame Handeln besteht. In diesem Fall ist es die erste Aufgabe der Evaluation, die Konzeption zunächst aufzuschreiben.

---

[11] Internetsuche nach „evaluationschecklisten"

Abbildung 10: Beispiel einer Checkliste zur Bewertung einer PR-Konzeption (Besson 2008)

			nicht erfüllt 0 Punkte	teilweise erfüllt 1 Punkt	voll erfüllt 2 Punkte
PR-Situationsanalyse	Datenbasis & Instrumente	Eigenrecherche wurde betrieben			
		Vorhandene Informationen wurden genutzt (z.B. Analysen, Umfragen, Berichte, Reports aus anderen Abteilungen)			
		Mehrere Quellen wurden hinzugezogen			
		Die genutzten Quellen sind aktuelle Daten, nicht veraltet			
	Bewertung der Situation	Die Situation im Umfeld der Wettbewerber wurde beachtet			
		Eine Krisengefahr bzw. Risikopotenzial wurde definiert			
		Die genutzten Daten wurden eine anhand von objektiven Daten gewichtet			
		Die formulierte Aufgabe ist logische Konsequenz der Situation			
		Die Aufgabenstellung wurde in einem Satz zusammengefasst			
	Einigkeit über Bewertung der Situation herbeigeführt				
PR-Strategie	Zieldefinition	Die Wenn-dann-Beziehung zwischen Zielen und Aufgabenstellung ist klar			
		Der angestrebte Zielwert ist messbar festgelegt, mit Wert, Zeitpunkt und exakter Beschreibung			
		Der Bezug von PR-Zielen zu Unternehmenszielen ist klar			
		Ziele wurden in interne und externe Ziele unterteilt			
	Botschaften	Die Botschaften haben einen klaren Zielbezug			
		Die Botschaften sind verständlich			
	Zielgruppen	Zielgruppen wurden in externe und interne geteilt			
		Zielgruppen wurden anhand objektiver Merkmale unterteilt			
		Die Funktion jeder Zielgruppe wurde definiert			
		Die Botschaft wurde für jede Zielgruppe angepasst			
PR-Taktik	Maßnahmen	Es wurde ein Maßnahmenplan erstellt			
		Die Maßnahmen passen untereinander zusammen			
		Jede Maßnahme transportiert die Botschaft			
		Jede Maßnahme erreicht Zielgruppe			
		Jede Maßnahme hilft bei Aufgabenstellung bzw. Zielerreichung			
		Ziele wurden für jede Maßnahme festgelegt			
		Die Organisation jeder Maßnahme wurde detailliert geplant			
		Für jede Maßnahme wurde eine Methode zur Erfolgskontrolle festgelegt			
	Zeitplan	Die Gesamtprojektdauer wurde festgelegt			
		Die Zeitverteilung des gesamten PR-Programms wurde geplant			
		Meilensteine wurden festgelegt: wichtige Zeitpunkte definiert			
	Ressourcenplan	Es wurde ein Personalplan mit Zeit- und Aufgabenverteilung erstellt			
		Es existiert ein Informationsplan (z.B. regelmäßige Abteilungssitzungen)			
		Der Bedarf an Technik, Räumen etc. wurde bedacht			
	Budgetplan	Eine detaillierte Aufstellung der Kosten wurde vorher angefertigt			
		Ein Kostenverlaufsplan wurde aufgestellt			
GESAMT PUNKTZAHL					

		absolut	in %
	Erreichte Punktzahl		
	Maximale Punktzahl		100%

Diese Checkliste ist sehr allgemein gehalten und bedarf der individuellen Anpassung an das spezielle PR-Programm. Der Fragebogen beleuchtet alle standardmäßigen Punkte, die eine PR-Konzeption berücksichtigen sollte, z. B. die Nachvollziehbarkeit von Zieldefinition und Maßnahmenplanung. Jede Frage wird anhand einer dreistufigen Skala (nicht erfüllt – teilweise erfüllt – voll erfüllt) beantwortet. Der Skala sind Punktwerte zugewiesen: Es gibt zwei Punkte für voll erfüllte, einen Punkt für teilweise erfüllte und null Punkte für unterlassene Aufgaben. Die Auswertung einer solchen Checkliste kann anhand von erreichten und maximalen Punkten geschehen. Der PR-Konzeption würde auf diese Weise eine Qualitätsmaßzahl zugewiesen werden.

5.1.2 Fazit zur Konzeptionsevaluation

Das Motto lautet: Je besser die Planung, umso simpler die Erfolgskontrolle. Wiederum sieht es in der Praxis leider oft so aus, dass schnell möglichst kreative Ideen gesucht werden, die gut beim Auftraggeber ankommen, und die Strategie dahinter wird im besten Fall geflissentlich vorausgesetzt, aber nie kontrolliert. Das sollte aber nicht davon abhalten, die theoretischen Qualitätsansprüche weiterhin zu fordern. Letztlich ist dies ein Schlüssel zur Professionalisierung des Berufsfeldes PR- und Öffentlichkeitsarbeit.

5.1.3 Literatur zum Kapitel

Hansen, Renée und Stephanie Schmidt. Frankfurter Allgemeine Buch. Frankfurt am Main 4., aktualisierte Auflage 2009

Dörrbecker, Klaus/Renée Fissenewert-Goßmann. Wie PR-Profis PR-Konzeptionen entwickeln. Frankfurter Allgemeine Buch Frankfurt/M. , 3. Auflage 1999

Leipziger, Jürg W. Konzepte entwickeln: Handfeste Anleitungen für bessere Kommunikation. Mit vielen praktischen Beispielen (Gebundene Ausgabe). Frankfurter Allgemeine Buch. Frankfurt am Main 3., aktualisierte Aufl. 2009

5.2 Prozessevaluation

In der Prozessevaluation wird kontrolliert, ob alles so läuft wie geplant. Außerdem werden die (finanziellen, personellen, räumlich/technischen, zeitlichen) Ressourcen überwacht. Ein wichtiges Kriterium der Prozessqualität ist auch die Zusammenarbeit: Wie hat die Zusammenarbeit innerhalb des Teams, mit anderen Abteilungen, mit Dienstleistern oder Auftraggebern funktioniert? Je nach Projekt und Situation sind diese Faktoren mehr oder weniger intensiv zu beobachten und zu bewerten. Das kann anhand von simplen Kommentaren zu jeder Rubrik geschehen, oder aber anhand einer Checkliste wie der Folgenden.

Abbildung 11: Beispiel einer Ampel-Checkliste zur Prozessevaluation (Besson 2008)

Prozesskontrolle Beispielmonat November			
Kriterium	Kommentar	Gesamturteil	
X Budget	10 % über dem Budgetplan		
Zeit X	Im Zeitplan		
Interne Zusammenarbeit/ X Personal	keine Zwischen- oder Ausfälle		
X Externe Zusammenarbeit	Terminschwierigkeiten im November		
Quantität und Qualität der X Ergebnisse	planmäßig	X	Prozess stabil nur leichte Schwierigkeiten
Andere Issues oder Risiken X	keine		

In diesem Bereich müssen auch datenschutzrechtliche Aspekte bedacht werden. Eventuell muss der Betriebsrat über die Datennutzung von Ausfall- und Arbeitszeiten oder Mitarbeiterbefragungen informiert werden. Sensible Informationen sind mit Vorsicht zu sammeln und sicher zu speichern. Vertrauen ist in diesem Bereich essentiell. Gerade Angaben zur internen Zusammenarbeit können z. B. Probleme aufdecken, über die nicht gerne vor anderen geredet wird. Daher ist für die Erfassung der internen Zusammenarbeit eine verdeckte Befragung sinnvoll. Dafür könnte z. B. eine Box für anonyme Antworten und Anmerkungen im Büro eingerichtet werden.

5.2.1 Ressourcen
Unter Ressourcen sind sowohl personelle und zeitliche Kapazitäten als auch finanzielle, technische und räumliche Ressourcen zu verstehen. Ohne die richtige Ausstattung kann kein Projekt erfolgreich sein. Die Ressourcen sind zunächst darzustellen. Manchmal wird mit Erstaunen festzustellen sein, dass z. B. mehr Personen faktisch an dem Projekt mitgearbeitet haben als vorgesehen. Oder es standen gar nicht so viele Manntage zur Verfügung, da Urlaub und Krankheit das Team auf die halbe Arbeitskraft reduzierten. So kann es zu Überbelastungen kommen, die sich auf die Qualität der Arbeit auswirken.

Besonders die Aspekte Personal und Zeit stellen in der Praxis wichtige Faktoren dar, die direkten Einfluss auf Erfolg und Effektivität der Kommunikationsarbeit haben. In Agenturen sind Zeiterfassungssysteme weit verbreitet. In Unternehmen hingegen geschieht es leicht, dass Mitarbeiter zwar offiziell eine Aufgabe übertragen bekommen haben, jedoch durch Anfragen oder interne Geschehnisse von der eigentlichen Arbeit abgehalten werden. Für die Evaluation ist es wichtig zu dokumentieren, inwiefern die Arbeitszeit für das Projekt zur Verfügung stand. In welchem Detailgrad dies geschieht, kann individuell festgelegt werden. Die Qualität des Personals ist ein sehr empfindliches Thema, das ganz individuell zu evaluieren ist. Dabei ist der Ausbildungsgrad ein Kriterium. Weitere Kriterien sind Faktoren wie Organisationsfähigkeit, Kommunikationsfähigkeit, PC-Kenntnisse, Zuverlässigkeit, Vertrauenswürdigkeit, Textsicherheit und Freundlichkeit. An diesem Punkt geht die Evaluation direkt an die Persönlichkeiten der beteiligten Mitarbeiter – ein sehr sensibler Bereich. Er sollte mit sehr viel Vorsicht angegangen werden. Es wird im Einzelfall entschieden, wie tief die Evaluation in diesen Bereich hineingeht.

Die faktischen Ressourcen wie Technik und Raum können die Arbeitseffizienz erheblich beeinflussen. Daher sollten sie zumindest im Evaluationsbericht Erwähnung finden. Wenn das Netzwerk nicht funktioniert oder der Drucker nicht druckt, kann dies viel Stress erzeugen und die Vorbereitung von Events oder die Beantwortung von Medienanfragen verhindern. Wenn ein ruhiges Telefonat in einem Großraumbüro nicht möglich ist, kann dies die Kontaktpflege mit Journalisten erschweren.

Die Evaluation der finanziellen Ressourcen findet ebenfalls in diesem Bereich statt. Die Budget- bzw. Finanzverwaltung wird meist durch den Projekt- oder Abteilungsleiter durchgeführt. Daten dazu sind vorhanden – es ist die Frage, welche Daten für die Evaluation freigegeben werden. Für die Berechnung von Kennzahlen, z. B. Tausendkontaktpreis oder Budget pro Mitarbeiter, ist die Freigabe von Budgetzahlen notwendig.

In der Praxis werden die Ressourcenfaktoren meist als „normal" abgetan und gelten als nicht relevant für die Evaluation. Dahinter steckt eventuell die Furcht davor, als „zimperlich" zu gelten. Evaluation hat in dieser Phase direkt mit der Bewertung von Menschen und ihren Leistungen zu tun. Sie ist daher mit allergrößtem Feingefühl durchzuführen.

5.2.2 Zusammenarbeit

Die Zusammenarbeit innerhalb des PR-Teams, mit anderen Abteilungen oder Teams, mit Dienstleistern, mit Vorgesetzten und Partnerunternehmen stellen weitere menschliche Kategorien in der Evaluation dar. Je nach Situation werden es unterschiedliche Beziehungen sein, die hier beobachtet werden. Generell gilt, dass alle bemerkenswert guten oder schwierigen Beziehungen Erwähnung finden sollten. Je nach Intensität dieser Beziehungsanalyse kann auch eine Netzwerkanalyse durchgeführt werden: Jedes Teammitglied gibt die drei Personen an, mit denen er oder sie am meisten beruflich kommuniziert. Die Darstellung dieser Verbindungen ergibt ein Netz, das die beruflichen Verbindungen abbildet und auf eventuelle Diskrepanzen oder Ungleichgewichte hinweist. Je nach Offenheit der Mitarbeiter kann dasselbe für die Beziehungen zwischen den Teammitgliedern erstellt werden. Dies ist wiederum eine sehr persönliche Angelegenheit und daher mit der nötigen Vorsicht anzugehen.

Abbildung 12: Soziogramm. Ergebnis einer Soziometrie nach Moreno. Wikipedia 2009

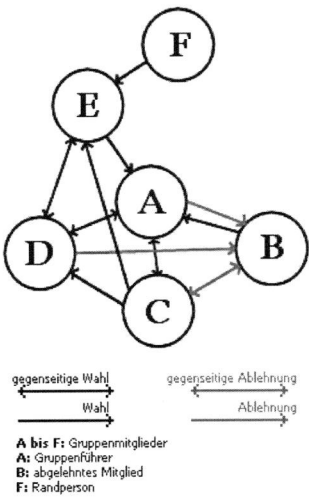

gegenseitige Wahl   gegenseitige Ablehnung

Wahl   Ablehnung

A bis F: Gruppenmitglieder
A: Gruppenführer
B: abgelehntes Mitglied
F: Randperson

Eine schnelle und unkomplizierte Art, die Stimmung im Team zu ermitteln, stellt eine kurze Checkliste dar, auf der anhand von Smileys die Stimmung angegeben werden kann und weitere kurze Fragen zu Prozessfaktoren (z. B. Zufriedenheit mit Ausstattung) gestellt werden. Eine Möglichkeit zur freien Abgabe von Kommentaren ist hilfreich, um eventuelle nicht vorhersehbare Vorkommnisse zu erfassen. Es macht Sinn, eine Möglichkeit zur anonymen Abgabe dieser Checkliste anzubieten.

5.2.3 Plantreue

Die Plantreue umfasst die Kontrolle des Maßnahmenplans. Auf diesem kann direkt vermerkt werden, ob in einem Bereich ein Rückstand existiert oder nicht. Diese Kontrolle kann in Zusammenhang mit einer regelmäßigen Team- oder Abteilungssitzung geschehen. Eventuelle Abweichungen vom Plan sollten begründet werden und eventuelle Maßnahmen zur Optimierung vorgeschlagen und festgehalten werden.

5.2.4 Fazit zur Prozessevaluation

Die Bestandteile der Prozessevaluation werden in der Praxis als „selbstverständlich vorhanden" betrachtet. Es ist teilweise nicht opportun, die Arbeitszeit und die Arbeitsbelastung zu erfassen und aufzuführen – man könnte ja als zimperlich gelten. Und die technischen und räumlichen Gegebenheiten seien ja eh nicht zu ändern, daher nütze es auch nichts, sie zu bemängeln. Diese Sichtweise sollte ein Abteilungsleiter nicht unterstützen, da die Mitarbeiter sein wertvollstes Gut sind. Wenn Sie gehindert werden, gute Arbeit zu leisten, dann steht der Erfolg der gesamten Kommunikationsarbeit auf dem Spiel.

Bei der Prozessevaluation ist es sehr wichtig, zu entscheiden, in welchem Intervall die Daten erhoben werden sollen. Sofern sie regelmäßig erhoben werden, ist es ratsam, einen „Prozess" zu installieren, damit die Daten automatisch zur Evaluation fließen. Das kann im Rahmen der wöchentlichen Teamsitzung geschehen oder die monatliche Budgetkontrolle wird automatisch weitergeleitet. Personaldaten werden eventuell bereits monatlich aus der Personalabteilung an den PR-Leiter geschickt, der sie dann direkt dem Evaluationsmanager weiterleiten kann.

5.2.5 Literatur zum Kapitel

Besson, Nanette. Strategische PR-Evaluation. VS Verlag Wiesbaden 2008

Litke, Hans-Dieter. Projektmanagement: Methoden, Techniken, Verhaltensweisen. Carl Hanser Verlag München 1995

Grunig, James/Todd Hunt. Managing Public Relations. Harcourt Brace Jovanovich College Publishers USA 1984

Wottawa, Heinrich/H. Thierau. Lehrbuch Evaluation. Huber Bern 1998

5.3 Maßnahmenevaluation

Die Maßnahmenevaluation beginnt mit einer Aufstellung der Maßnahmen, die durchgeführt wurden: z. B. mit einer Liste der Pressemitteilungen, der Pressekonferenzen, der Events, der PR-Materialien etc. Das klingt vielleicht überflüssig, es stellt aber in der Praxis immer wieder eine Herausforderung dar, überhaupt zu erfassen, was alles geschehen ist. Wenn alle Maßnahmen dargestellt sind, ist zu entscheiden, welche davon näher zu evaluieren sind – da es meist unrealistisch sein wird, alles zu bewerten. Es kann z. B. die Qualität der Pressemitteilungen mit Hilfe eines unabhängigen Experten evaluiert werden. Zur Pressekonferenz war eventuell ein Kollege aus einer benachbarten Abteilung anwesend, oder ein befreundeter Journalist, der ehrlich und offen Auskunft über seine Bewertung der Veranstaltung als Ganzes gibt. Das Urteil eines Zielgruppenmitglieds wird immer mehr Akzeptanz finden als das Urteil eines Kollegen. Leider wird sich oft davor gescheut, Journalisten zu befragen, wie ihnen eine Veranstaltung oder die Pressearbeit der Organisation generell gefällt – dabei würde diese Auskunft Ihnen wirklich direkt helfen, die Kommunikation zu Ihren Stakeholdern zu verbessern.

Die Bewertung der Maßnahmen sollte getrennt von der Bewertung und dem Image des Unternehmens oder der Organisation betrachtet werden – diese Aussagen gehören zu den Effekten der Kommunikation.

Die Bewertung der Maßnahmen geschieht anhand von Branchenstandards: Wie sollte eine Pressemitteilung aufgebaut sein? Wie organisiert man eine Pressekonferenz? Wie schaut eine „gute" Website aus? Diese Fragen werden von der klassischen PR-Literatur behandelt. Für das jeweilige Instrument ist daher am besten in ein Fachbuch zu schauen und zu prüfen, ob die eigene Umsetzung der Norm entsprach.

Abbildung 13: Allgemeine Anforderungen an die Pressearbeit. Abfassen/zum Inhalt von Pressemeldungen. Pfeffer 2012

1. Personen einmal mit Vor- und Nachnamen nennen, danach nur noch den Nachnamen
2. Nie Frau... oder Herr...
3. Keine akademischen Grade (z. B. Prof. Dr. od. Dipl.-Ing.) – höchstens in Fachartikeln für Fachmedien (zur Kompetenzuntermauerung) – auch dort am besten nur zum Autorennamen am Anfang oder Ende des Artikels
4. Bei Ziffern eins bis zwölf in Buchstaben, ab 13 in Ziffern
5. Währungen immer nach den Zahlen, also 25 Euro (auch nicht Euro 25,-)
6. Keine Zeichen, z. B. % - immer Prozent im Fließtext (als Zeichen höchstens in Klammeraufzählungen)
7. Keine Abkürzungen
   - Mio. = Millionen
   - Mrd. = Milliarden
   - km = Kilometer
   - etc., usw., u. a. = ausschreiben bzw. weglassen
8. Keine Unterstreichungen und/oder VERSALIEN (natürlich auch nichts in halbfett oder kursiv) - nicht COMMERZBANK (sondern: Commerzbank) oder XYZ-AGENTUR für Public Relations. Briefbogengestaltung oder Schriftlogos haben in Pressetexten nichts verloren und sind peinlich unprofessionell.
9. Ausnahmen natürlich: IBM oder EnBW (weil in der Regel Abkürzungen)
10. Auch Kapitalgesellschaftsabkürzungen können entfallen – also nicht GmbH oder AG im Fließtext der Pressemeldung (außer bei Finanznachrichten)
11. Sie – wir – unser: weglassen
12. Nicht heute oder morgen etc. schreiben, sondern: am 26. Juli (2007), denn wenn die Meldung veröffentlicht wird, ist heute oder morgen schon vorgestern
13. Jede Pressemeldung braucht ein Datum
14. Und einen Absender mit (mindestens) voller Adresse, Vor- und Nachname des Ansprechpartners, Telefon (Durchwahl), E-Mail
15. Und immer die Ortsangaben von Agentur und Kunde (Auftraggeber) – das „Wo" der fünf unbedingt notwendigen fünf W's (Wer, Wann, Wo, Was, Wie)
16. Zahlen sind wichtig – aber nicht überladen und verwirren
17. Auch Namen sind Nachrichten
18. Zitate direkt oder indirekt machen eine Meldung lebendig – aber bitte keine Routine („Wir freuen uns,...")
19. Keine Adjektive (Bewertungen sind nicht Sache von Nachrichten)
20. Substantive/Beamtensprache vermeiden
21. Sätze mit maximal neun bis 14 Wörtern
22. Keine Schachtelsätze
23. Möglichst keine Fremdwörter
24. Fach-Chinesisch vermeiden
25. Immer an den Leser denken (und an den Journalisten) – er ist der erste Leser! Der Köder muss dem Fisch schmecken – und nicht dem Angler!

Die Anwendung einer solchen Checkliste liefert eine quantitative Bewertungskennzahl: Jede positive Antwort wird dabei mit einem Punkt berechnet. Das Verhältnis von erreichter zu optimaler Punktzahl stellt eine einfache und aussagekräftige Qualitätsmaßzahl dar. Wenn diese Checkliste von einem unabhängigen oder zumindest nicht am Projekt beteiligten Experten ausgefüllt wird, erhält diese Bewertung noch mehr Aussagekraft.

5.3.1 Fazit zur Maßnahmenevaluation

Beim Stichwort Evaluation wird meist sofort an Artikelzahlen und Reichweiten gedacht. Um die Wirksamkeit von Maßnahmen jedoch nachvollziehen zu können, ist es unerlässlich, auch die eigene Arbeit und die Produkte dieser Arbeit auf den Prüfstand zu stellen. Dies kann anhand von kritischer Selbstreflexion über die Bewertung durch Experten aus Praxis oder Wissenschaft, bis hin zur öffentlichen Bewerbung um Preise und Auszeichnung geschehen. Branchenwettbewerbe gibt es zahlreich – wobei deren Objektivität nicht unbedingt selbstverständlich ist.

Die Darstellung der Qualitätskriterien für jede mögliche Kommunikationsmaßnahme würde an dieser Stelle von dem eigentlichen Belang zu sehr ablenken. Daher wird auf die zahlreichen Checklisten und auf die einschlägige Fachliteratur verwiesen.

5.3.2 Literatur zum Kapitel

Pfeffer, Gerhard unter www.pr-journal.de unter Service/Tipps. Dokument: Allgemeine Anforderungen an die Pressearbeit 2012

Fallbeispiel: „Verständlichkeit von Finanzkommunikation verbessern - Cortal Consors implementiert TextLab-Verfahren" auf communicationcontrolling.de unter Fallbeispiele

5.4 Fazit zur Evaluation der Investition

Evaluation benötigt Personal, Fachwissen und Zeit. Dieser Umstand ist die Ursache dafür, dass es selbst große Unternehmen gibt, die nicht einmal einen Ausschnittdienst beschäftigen: Die Ressourcen werden für „wichtigere Dinge" benötigt. Dabei ist die Evaluation meist ihr Geld wert. Auch wenn nicht alles in Geldwerte umzurechnen ist. Die Qualität der eigenen Arbeit ist eindrucksvoll durch eine „Opportunitätskostenrechnung" (nach Bruhn) darzulegen: Zeigen Sie Ihrem Chef, was Ihre Leistung und die Ihrer Mitarbeiter ihn gekostet hätte, wenn er sie hätte extern einkaufen müssen (z. B. eine komplette Jahresplanung durch eine Agentur). Zeigen Sie ihm, wie Sie im Vergleich zum Vorjahr Geld gespart haben und effizienter gearbeitet haben. Es ist auch eine Evaluation der eigenen Arbeit, wenn aufgezeigt wird, inwiefern die Qualität erhöht, die Prozesse optimiert und Kosten gespart wurden. Besonders im Falle einer Krisensituation ist es wertvoll, wenn die Investition der eventuell „nur" gleichgebliebenen Resonanz oder nur gering verschlechterten Meinungslage gegenübergestellt werden kann. Verhinderte Krisen und Reduzierung von Krisenauswirkungen oder -verbreitungen können kaum auf eine andere Weise dokumentiert werden.

6 Evaluation der Effekte

Die Erfolgskontrolle von Kommunikationsarbeit konzentriert sich naturgemäß auf die kurzfristigen und die langfristigen Effekte. Diese sind im Rahmen der Kontrolle der Zielerreichung abschließend jedoch immer in Relation zur Investition und zur allgemeinen Situation zu betrachten. Dieses Kapitel stellt die damit verbundenen Faktoren dar.

Die Evaluation der Effekte umfasst alle Faktoren, die mit der durchgeführten Organisationskommunikation in Zusammenhang stehen und die nicht direkt beeinflussbar sind, da sie das Denken und Handeln anderer Akteure darstellen. In der Praxis stellen die Medien für die PR- und Öffentlichkeitsarbeit einen wesentlichen Ansprechpartner dar, deren Evaluation sich durch die Medienresonanzanalyse etabliert hat. Die spontane, direkte Resonanz der Zielgruppen umfasst alle Reaktionen, wie z. B. Anfragen, Anmeldungen, Teilnahme, Websitebesuche, Bestellungen etc. Sobald es sich um mehr als Beobachtungen handelt, wird der Effekt einer weiteren Kategorie zugeordnet: dem Zielgruppendenken. Der Grad der Zielerreichung und die nachhaltigen Effekte der Kommunikation stellen die „Königsdisziplinen" der Evaluation dar. Je nach Kommunikationsziel orientiert sich das Fernziel mehr oder weniger an Aktivität oder kollektivem Denken (Reputation).

6.1 Evaluation der Medienresonanz: Die Medienresonanzanalyse (Mera)

Zur Evaluation von Medienresonanz wird eine Medienresonanzanalyse eingesetzt, eine Inhaltsanalyse der veröffentlichten Medienberichte zu Ihrem Unternehmen, Ihrer Organisation oder Ihrem Themenbereich. Die Medienresonanzanalyse ist der Klassiker der PR-Evaluation. Sie wurde in Deutschland Anfang der 90er Jahre von Joachim Klewes und seiner damaligen Agentur Kohtes & Klewes geprägt. Die standardisierte Vorgehensweise bei der Erfassung und Auswertung von Medienberichten hat sich seitdem kaum verändert und erfreut sich relativ hoher Beliebtheit. Auch wenn nach der neuesten Branchenumfrage nur 57,2 % der Pressestellen ihre Clippings zählen – geschweige denn tiefergehend analysieren. Lediglich 35 % der Pressestellen ermitteln die Reichweiten und die Tonalität der Medienresonanz – laut PR-Trendmonitor 2009[12].

Basis der Medienresonanzanalyse sind die „Clippings" (Artikel und Beiträge), die zu Ihrem Unternehmen, Ihrer Organisation oder Ihrem Themenfeld in Medien veröffentlicht wurden. Dabei spielt es zunächst keine Rolle, ob es sich um Printmedien, Onlinemedien, Radio oder Fernsehen handelt. Zur quantitativen Analyse der Medienresonanz aus verschiedenen Medientypen muss zwischen verschiedenen Reichweiten unterschieden werden, für die inhaltliche Analyse hingegen werden die Beiträge gleich behandelt. Als Onlinemedien werden für die Medienresonanzanalyse nur klassische Medien (z. B. Spiegel Online) hinzugezogen. Inhalte aus von „Usern generierten Medien" und sozialen Netzwerken wie Facebook, Twitter, Blogs oder Foren können natürlich auch analysiert werden – sie funktionieren aber nach individuellen Gesetzen und werden daher (bisher) nicht in denselben „Topf" geworfen wie die klassischen journalistischen Medien. Ebenso die weit verbreiteten Presseportale, in die frei Texte und Berichte ins Internet gestellt werden können. Diese Berichte sollten nicht zusammen mit echten Medienberichten ana-

---

12 Die Firmen newsaktuell und Faktenkontor führen regelmäßig Umfrage in der PR-Branche durch und präsentieren die Ergebnisse auf www.slideshare.net/newsaktuell/tag/umfragen

lysiert werden, da sie auf die „Investitionsseite" der PR gehören: sie stellen Maßnahmen dar und keine Resonanz.

Eine Medienresonanzanalyse (Mera) untersucht die veröffentlichte Meinung. Da Journalisten als Meinungsführer angesehen werden, stellen sie wertvolle und wichtige Multiplikatoren für die Kommunikationsarbeit dar. Daher wird viel Wert auf ihre Meinung gelegt, die sie in ihren Veröffentlichungen darlegen. Für viele Menschen stellen die Medien nach wie vor wichtige Informationsquellen dar, auch wenn das Informationsverhalten sich durch das Internet nachhaltig verändert[13].

6.1.1 Möglichkeiten und Grenzen der Mera

Eine Medienresonanzanalyse kann unterschiedlichste Aspekte beleuchten: Sie zeigt Trends in der Medienberichterstattung auf, stellt die Themenverteilung dar und analysiert, welche Themen von den Medien positiv oder negativ bewertet werden. Die Analyse kontrolliert, wie effektiv eine Pressemitteilung war und ob Botschaften übernommen wurden. Sehr interessant ist auch die Beobachtung von Mitbewerbern und deren Berichterstattung. Detailanalysen stellen die regionale Verteilung von Medienresonanz dar oder untersuchen die Positionierung von Beiträgen, die Übernahme von Fotos, Logos, Grafiken oder Zitaten. Die Möglichkeiten einer Medienresonanzanalyse sind unbegrenzt, sofern die entsprechende Software eingesetzt wird. Dabei gibt es die Möglichkeit, mit den alltäglichen Computerprogrammen ansprechende Analysen durchzuführen.

Die Medienresonanzanalyse kann sowohl zur Erfolgskontrolle von Pressearbeit, als auch zur Situationsanalyse vorab oder als Issue Management System zum Aufspüren von kritischen oder neuen Themen eingesetzt werden. Sie stellt nicht die öffentliche Meinung dar – dafür muss die Zielgruppe selbst befragt werden. Sofern Auflagen oder Reichweiten ermittelt werden, sind diese stets unter dem Vorbehalt zu betrachten. Die Kennzahl sagt nicht aus, dass wirklich so viele Menschen Ihren Artikel gelesen haben, geschweige denn, dass das Lesen des Artikels ihre Denkweise beeinflusst hat. Auch der Werbeäquivalenzwert, der die schlichte Umrechnung von redaktionellem Raum in Anzeigenpreise bedeutet, stellt nur einen Behelfswert dar: Die Wirkung von redaktionellem Inhalt und werblicher Anzeige ist höchstwahrscheinlich unterschiedlich. Diese Problematik wurde im Kapitel 4.4.2 dargestellt. Sofern eine standardisierte und nachvollziehbare Methode der Berechnung existiert, stellt der Werbewert zumindest eine kontinuierliche Maßzahl für das Verhältnis von Anzahl, Umfang und (je nachdem, wie exakt die Werbekosten eingesetzt werden) auch der Positionierung der Berichterstattung dar. Von externen Vergleichen zwischen Projekten, Unternehmen oder Agenturergebnissen sollte Abstand genommen werden, da davon ausgegangen werden kann, dass die Berechnungen nicht einheitlich durchgeführt werden.

---

[13] Studie „Informationsrepertoires der deutschen Bevölkerung" des Hans Bredow-Instituts für Medienforschung an der Universität Hamburg (www.hans-bredow-institut.de/webfm_send/657)

Abbildung 14: Beispiel/Auszug einer Medienresonanzanalyse. Besson 2008.

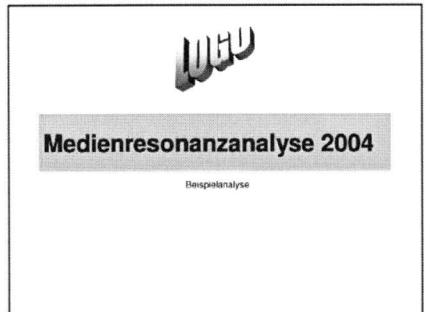
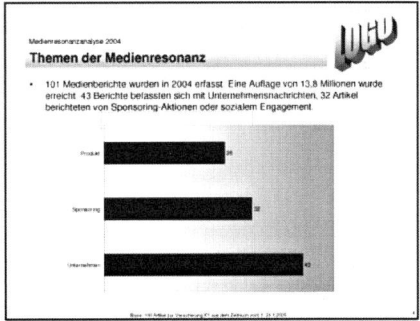

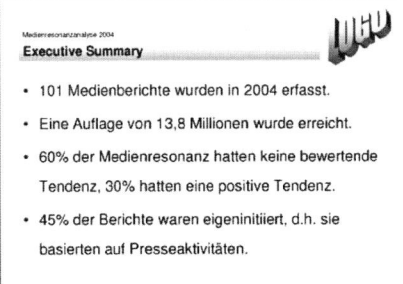
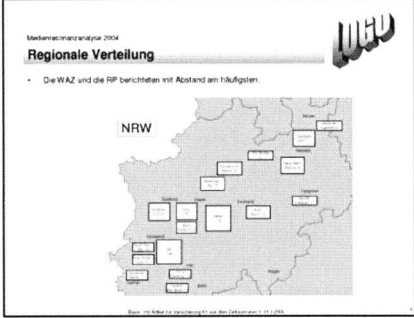

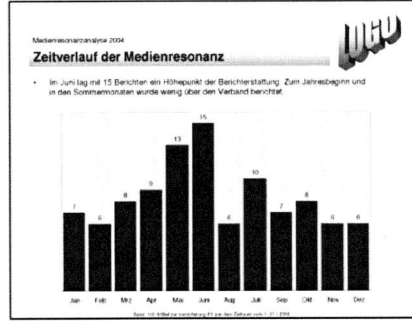

6.1.2 Basiswerte der Mera

Damit wurden die etablierten Basiswerte einer Medienresonanzanalyse auch schon angesprochen: die Anzahl und die Auflage der Artikel sind die gängigsten Basisgrößen einer Medienresonanzanalyse im Printbereich. In manchen Branchen, z. B. dem Pharmabereich, wird viel Wert auf die ivw-geprüfte Reichweite gelegt, um zu belegen wie viel Prozent der Zielgruppe erreicht wurden. Dieser Ansatz ist gut zu vollziehen, wenn bei der Planung der Kommunikation die Medien exakt festgelegt wurden, z. B. mit Hilfe von Leseranalysen[14], die genaue soziodemographische Leserprofile erstellen. Bei breit gestreuter Pressearbeit wird es jedoch schwierig und aufwändig, exakte Zielgruppenreichweiten zu ermitteln.

Die Anzahl ist die einfachste Einheit und meist die absolute Kerneinheit einer Medienresonanzanalyse. Sie ist über alle Medienarten zu ermitteln und sie ist vergleichbar. Die Auflage von Printmedien wird in den Kategorien „gedruckt", „verkauft" und „verbreitet" ermittelt. Welche dieser Auflage Sie für die Medienresonanzanalyse verwenden, liegt bei Ihnen: Die gedruckte Auflage sagt nichts darüber aus, welche Verbreitung das Medium fand. Die verkaufte Auflage legt nahe, dass diese Zahl zumindest mit der Zahl der Leser (des gesamten Mediums) gleichzustellen ist. Die verbreitete Auflage enthält zudem noch die kostenlos verteilten Exemplare. Vor allem Fachmagazine werden vielfach kostenlos verteilt, z. B. auf Konferenzen oder in Seminaren. In manchen Branchen werden Fachmagazine fast ausschließlich verteilt und nicht verkauft. Sie finanzieren sich über Werbung. In diesem Fall wäre die verbreitete Auflage die relevante Zahl.

Die Auflage der Printmedien ist nicht mit Zugriffszahlen von Onlinemedien gleichzusetzen, da Auflage nicht aussagt, dass der Leser das Medium gelesen hat – im Onlinebereich jedoch jeder User von sich aus auf die Seite zugreift. Die „Auflage" von Onlinemedien wäre theoretisch die Zahl der Internetuser eines Landes – was für die Auswertung von Onlinemedien keinen Informationsgehalt bietet. Gleichzeitig werden meist nur Internet-Zugriffsdaten für Homepages veröffentlicht, nicht für Unterseiten. Dadurch ist die genaue Festlegung von Zugriffen wiederum erschwert. Im Onlinebereich stellt die Kennzahl „Unique User" das beste Äquivalent für die von der IVW-geprüfte Reichweite der Printmedien dar (www.ivw.de). Für zahlreiche Onlinemedien ermittelt die IVW mittlerweile auch die „Page Impressions" und die „Visits". „Page Impressions" summiert die angeklickten Seiten einer Website auf - dies ergibt meist einen sehr hohen Wert, der nichts darüber aussagt, ob der einzelne Beitrag angeschaut wurde. „Visits" sind zusammenhängende Besuche einer Website – dies kann schon eher als Äquivalent für die Printreichweite dienen. Es wird jedoch nicht registriert, wie viele User auf der Website waren: jeder User kann einer Website mehrere Besuche abgestattet haben.

Es ist generell schwierig, an die Userdaten von Internetmedien zu gelangen: Oft werden diese nicht gern herausgegeben. Es gibt keine zentrale Stelle außer der IVW und der AGOF[15], die allerdings auch nur einen Teil der Internetmedien im Programm haben und letztere die Daten nur gegen Gebühr herausgeben. Manche Internetmedien hüten ihre Zugriffszahlen wie ein Geheimnis und sind eher pikiert, wenn man danach fragt. Die selbstverständliche Veröffentlichung der Leserdaten hat sich im Internet noch nicht flächendeckend etabliert. Daher stellt sich die Reichweitenanalyse für Internetresonanz noch als recht schwierig dar. Dasselbe gilt für die Berechnung eines Werbeäquivalenzwertes für Internetmedien. Dieser wird auf der Basis des Tausendkontaktpreises berechnet und berücksichtigt damit in keiner Weise die Länge des Beitrags. Die Ausschnittdienste in Deutschland liefern zwar Werbeäquivalenzwerte für Onlinemedien, sie sind jedoch teilweise nicht logisch nachzuvollziehen. Daher gilt hier ebenfalls: Die Werte zu Internetreichweite und Werbeäquivalenz sind absolut betrachtet in ihrer Aussagekraft mit Vor-

---

[14] Die Arbeitsgemeinschaft Media-Analyse e.V. (www.agma-mmc.de) erstellt regelmäßige Leseranalysen.
[15] Arbeitsgemeinschaft Online Forschung (AGOF)

sicht zu genießen. Sofern sie kontinuierlich auf dieselbe Art und Weise hergeleitet werden, stellen sie einen intern vergleichbaren Wert dar und besitzen interne Legitimität.

Zusammenfassend lässt sich sagen, dass die Anzahl der Artikel bei einer Medienresonanzanalyse der einzige Wert ist, den man zwischen unterschiedlichen Quellen ohne Einschränkungen vergleichen kann[16]. Bei Auflage, Reichweite und Werbeäquivalenzwert gibt es eine Reihe von Unterschieden, die zu berücksichtigen sind. Ebenfalls ist es mit Vorsicht zu betrachten, wenn eine Analyse nur oder überwiegend aus Prozentzahlen besteht: Die eindeutige Definition und Angabe der absoluten Basis ist ein wesentliches Qualitätsmerkmal von Medienresonanzanalysen.

6.1.3 Erhebungsdaten der Mera

Die Basiswerte bestimmen, in welcher Einheit Daten erhoben werden. Diese Daten können sich auf die Struktur der Berichte oder auf ihre Inhalte beziehen. Als strukturelle Erhebungsdaten dienen z. B. der Name des Mediums, die Medienart, die Artikelart oder die Länge des Beitrags. Inhaltliche Erhebungsdaten können z. B. Kommentare sein, Themen, die Tendenz eines Artikels, die Überschrift oder Zitate. Wie in Kapitel 4.4.1 dargestellt, können inhaltliche Daten quantifiziert werden, indem Kategorien gebildet werden. Die Tendenz eines Artikels wird so z. B. in den Kategorien positiv, objektiv und negativ zählbar und damit quantitativ. Die Botschaften oder Pressemitteilungen ermöglichen ebenfalls eine quantitative Zuordnung. Wortspiele, Anspielungen oder Zitate hingegen werden sinnvollerweise als Inhalte stehen gelassen.

Abbildung 15: Erhebungsgrößen einer Medienresonanzanalyse (Besson 2008)

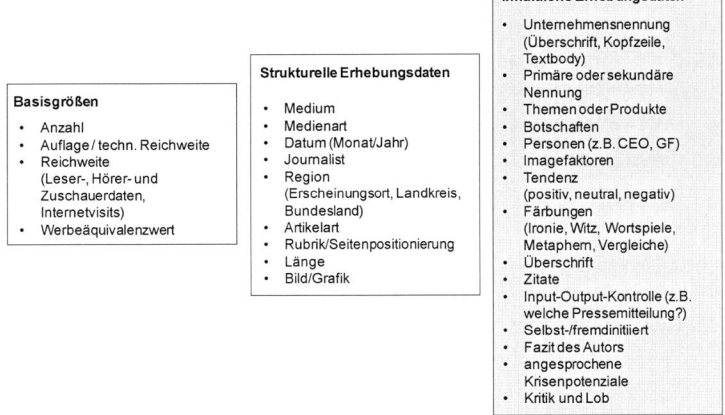

6.1.4 Kennzahlen und Kennwerte einer Mera

Die erhobenen Daten werden zu Kennzahlen verdichtet. Die Aufsummierung stellt den einfachsten Fall einer Kennzahlenbildung dar. Kennzahlenkategorien einer Medienresonanzanalyse sind Summen, Trends, kumulierte Werte (z. B. Jahreszeitraum), Mittel-, Minimal- und Maximalwerte (Top und Flop), Indizes, Prozente und Effizienzbetrachtungen (sobald Investitionszahlen gegenübergestellt werden). Es werden keine komplizierten statistischen Berechnungen durchgeführt, da es in der normalen Praxis keine wissenschaftlich fundierte Analyse sein wird. Zudem

---

[16] Es sollte vorher eine Übereinkunft gefunden werden, ob ein identischer Artikel in verschiedenen Unterausgaben einer Zeitung als **ein** Artikel zählt oder ob jede Unterausgabe einzeln gezählt wird.

sollen die Ergebnisse einer Medienresonanzanalyse für einen Durchschnittsmenschen verständlich und nachvollziehbar sein – auch ohne Wissen über Regression und Standardabweichung.

Abbildung 16: Kennwerte und Kennzahlen einer Medienresonanzanalyse

Einfache Mera-Kennwerte
Anzahl Artikel
Auflage
Reichweite
Werbeäquivalenzwert
Top Ort/Landkreis/Bundesland
Häufigste Botschaft
Positive Artikel
Negative Artikel
Selbstinitiierte Artikel
Erfolgreichste PR-Aktivität
Top Medium
Top Thema der Keymedien
Bestes/positivstes Produkt oder Thema
Schlechtestes/negativstes Produkt oder Thema

Zusammengesetzte Kennzahlen
Tausendkontaktpreis (Budget geteilt durch Auflagensumme * 1000)
Preis für die Platzierung einer Botschaft (Budget geteilt durch Anzahl positionierter Botschaften)
Reportingquote (Auflagenzahl geteilt durch Verteilerzahl)

6.1.5 Bewertung von Medienresonanz

Die Kennzahlen besitzen alleine wenig Aussagekraft. Für die Bewertung von Kennzahlen ist ein Maßstab vonnöten (siehe Seite 24). In der Praxis wird meist der Vergleich mit dem Vormonat oder dem Vorjahreszeitraum als Maßstab genommen. Ein monatlicher Durchschnittswert bietet eine einfache und griffige, prozentuale Bewertung. Der Vergleich mit Maximalwerten bietet ebenfalls eine gute Orientierung (z. B. wie viele Artikel erzeugte die erfolgreichste Pressemitteilung). Externe Vergleichsdaten sind meist nicht verfügbar. Vergleiche mit Mitbewerbern setzen voraus, dass Sie über deren Medienresonanz verfügen. Das Clippen von Mitbewerbern kann über einen Ausschnittdienst erfolgen, es verursacht allerdings Kosten. Eine Alternative ist es, die wichtigsten Fachmedien zu abonnieren und selbst zu erfassen und auszuwerten. Oder aber es wird ein Ausschnittdienst für ein oder zwei Monate beauftragt, ein Themenfeld zu beobachten und auf dieser Basis wird dann eine Wettbewerbsanalyse erstellt. Die Bewertung anhand der Mitbewerber ist für das Management sehr wichtig und relevant und sollte daher zum Pflichtprogramm gehören. Mit Hilfe von Onlinesuchmaschinen kann heutzutage eine Wettbewerbsanalyse auch mit wenig Ressourceneinsatz erfolgen: z. B. in dem Onlinearchiv einer Zeitung dieselbe Suche für jeden Wettbewerber durchführen und die Ergebnisse vergleichen. Automatisierte Ergebnisaufbereitung gibt es im Internet im Bereich Social Media Monitoring, z. B. www.socialmention.com. Bei automatischer Textanalyse ist jedoch immer Vorsicht geboten, weil Zusammenhänge nicht berücksichtigt werden und Wortspiele nicht erkannt werden. Außerdem stellt die eindeutige Erkennung der deutschen Sprache die meist internationalen Systeme bisher vor ziemliche Herausforderungen und geschieht selten fehlerfrei. Kostenpflichtige Systeme arbeiten diesbezüglich eventuell zuverlässiger.

Der Einsatz des Werbeäquivalenzwertes als monetäre Bewertung wurde im Kapitel 4.4.2 kommentiert. Sofern eine monetäre Bewertung erfolgen soll, ist ein Effizienzberechnung immer vorzuziehen: Wie viel hat z. B. ein Artikel oder eine Botschaft „gekostet"?

6.1.6 Vorbereitung und Aufwand einer Mera

Bevor eine Mera erstellt wird, muss das Konzept der Analyse festgelegt werden: Basis, Zeitraum, Frequenz, Themen, Kriterien und Organisation sind relevante Fragen, die zuerst zu beantworten sind. Im Rahmen der Evaluationsplanung sollten die generellen Ziele der Evaluation festgelegt worden sein (siehe Seite 18). An diesen Zielen orientiert sich die Auswahl der Basis der Medienresonanzanalyse: Soll die gesamte Medienresonanz Ihres Unternehmens analysiert werden oder nur ein Ausschnitt, z. B. nur die Fachpresse, ein bestimmter Monat oder ein bestimmtes Thema? Die Auswahl dieser Basis legt fest, wie groß der Aufwand für die Analyse sein wird. Eine Medienresonanzanalyse kann mit Bordmitteln selbst erstellt[17] oder von einem Dienstleister eingekauft werden (Anbieter siehe Seite 94). Die Erstellung kostet natürlich immer etwas: Zeit und Geld.

Analysen von Dienstleistern beginnen bei ca. 500 Euro für rein quantitative Auswertungen bzw. Listen. Sobald der Werbeäquivalenzwert oder inhaltliche Tendenzen hinzukommen, schnellt dieser Preis hoch auf Werte zwischen 1.000 und 3.000 Euro. Diese Preise gelten für eine Basis von ein Hundert Artikeln, deren Zulieferung nicht im Preis enthalten ist – diese Kosten (ca. 250 Euro) kommen noch hinzu. In der Praxis geht es allerdings meist um Artikelzahlen von ca. 300 Berichten pro Monat. Ein Unternehmen des gehobenen Mittelstands, das Konsumgüter vertreibt, muss eher mit diesen Zahlen rechnen. Eine Medienresonanzanalyse kann dann schnell drei bis fünf Tausend Euro monatlich kosten. Um Kosten zu sparen, gibt es einfache und effiziente Mittel: Die Medienbasis kann eingeschränkt werden (z.B.: nur Keymedien oder keine Anzeigenblätter), es können einzelne Monate oder Themen beobachtet werden. Die Ausschnittdienste sind unterschiedlich flexibel bei solchen individuellen Wünschen – in wirtschaftlich schlechten Zeiten stehen die Chancen für solche individuellen Leseprogramme aber eher besser als schlechter. Generell ist zu empfehlen, dass eher an der Schraube der „Basis" gedreht wird, als an der Schraube „Inhalte" – denn die inhaltliche Analyse bietet dem PR-Fachmenschen für die Planung und Optimierung einen wesentlich höheren Mehrwert als eine reine quantitative Auswertung.

Wenn Sie die Medienresonanzanalyse in Eigenregie erstellen möchten, sollten Sie für die reine Datenerfassung mindestens zehn Minuten pro Medienbericht als Zeitaufwand einkalkulieren! Bei 100 Artikeln sitzen Sie theoretisch mindestens zwei Achtstundentage an der Erfassung. Die Erfahrung zeigt jedoch, dass Sie nie acht Stunden durchgängig erfassen werden (zu eintönig, anstrengend bzw. andere Aufgaben im Alltag kommen dazwischen). Für die Mera von 100 Artikeln rechnen Sie also besser mit vier bis sechs halben Tagen für die Datenerfassung. Die Auswertung kann ebenfalls schnell mehrere halbe Tage kosten. Die Gesamtauswertung könnten Sie also in „Teilzeit" in zwei Wochen schaffen – in der Annahme, dass Sie in der zweiten Hälfte des Tages Ihr Tagesgeschäft noch zu bewältigen haben. Für den höheren Übungseffekt ist es wünschenswert, die Analyse in einem „Fluss" zu erstellen – das Vergessen von einzelnen Faktoren oder Vorgehensweisen kostet Sie bei wiederholter Einarbeitung sonst weitere Stunden. Bei wiederholter Erstellung tritt ein hoher Übungseffekt ein, der Sie die Arbeit wesentlich schneller erledigen lässt. Eine fertig konzipierte Analyse zu aktualisieren wird Sie mit etwas Erfahrung nur noch ein paar Stunden kosten. Die Datenerfassung läuft dann ebenfalls schneller. Dieser Bereich wird gerne an Aushilfen oder Praktikanten abgegeben. Dabei ist zu berücksichtigen, dass die Analyse nur so gut sein kann, wie die Daten, auf denen sie basiert. Die „Kodierer" sollten demnach intensiv geschult werden, damit sie wissen, was positiv oder negativ kodiert wird und worauf es bei der Erfassung ankommt. Kontinuität bei der Datenerfassung gewährleistet eine höhere Qualität der Daten.

---

[17] Handbuch dazu von Nanette Besson "Medienresonanzanalyse DO-IT-YOURSELF 2007" (Dr. Besson Fachverlag Edingen-Neckarhausen 2012)

Egal, ob Sie die Analyse selbst durchführen oder sie einkaufen – zunächst sind die Rahmendaten festzulegen. Dazu kann eine Checkliste dienen. Die Analysebasis, die Themenunterteilung, die zu erhebenden quantitativen und inhaltlichen Daten, die Struktur und Beschaffenheit des Berichts und die organisatorischen Fragen sind dabei von Relevanz. Geleitet wird die Festlegung der Erhebungsdaten von den Fragen, die Sie mit der Analyse beantworten möchten. Des Weiteren entscheidet die Art der Kodierung, wie detailliert Ihre Antworten ausfallen: Soll z. B. die Tendenz der Berichte in den Kategorien positiv/objektiv/negativ oder als fünfstufiges Rating erfasst werden? Quantitativ werden vor allem das Datum, die Auflage, das Medium und die Medienart interessant sein. Inhaltlich wird Sie vielleicht interessieren, ob der Bericht auf einer Pressemitteilung basiert und ob es eine positive oder negative Tendenz gibt. Eine offene Kategorie „Image-relevante Aussagen" lässt die Erfassung direkter Zitate zu. Diese werden allerdings nicht per Grafik auszuwerten sein, sondern Sie müssen selbst „zu Fuß" die Zitate sichten und entscheiden, welche besonders aussagekräftig und für den Bericht tauglich sind.

Anschließend sollten Sie sich darüber klar werden, in welchem Intervall Sie eine Analyse erstellen: einmalig, monatlich, quartalsweise oder nur als Jahresbericht. Sofern Sie eine Steuerung Ihrer Kommunikationsarbeit anstreben, ist eine monatliche Analyse anzuraten. Mit diesem Zeithorizont können Sie auf Trends und Themen in den Medien innerhalb von einem Monat reagieren. Zu bedenken ist dabei immer, dass die Clippings von Ausschnittdiensten bei normaler Lieferung ca. vier bis sechs Wochen nach einem „Event" brauchen, bis sie komplett vorliegen. Print-Fachmagazine haben zum Teil außerdem einen Vorlauf von bis zu mehreren Monaten – diese Medienresonanz können Sie daher erst viel später erfassen. Es gibt auch Unternehmen, die z. B. Produktvorstellungen bewusst für Fachmagazine vorziehen, damit die Produktvorstellung dann in allen Medien gleichzeitig veröffentlicht wird. Dies wird jedoch mit zunehmend schnellerer Kommunikation immer schwieriger – sobald Sperrfristen nicht eingehalten werden oder Informationen von Fachmedien an die Tagespresse durchsickern, gibt es doch wieder einen Zeitunterschied.

6.1.7 Aufmachung und Aufbau einer Mera

Die Medienresonanzanalyse sollte ansprechend aufbereitet sein, damit die Informationen auch gut verpackt sind. Die reine Weiterleitung eines Tabellenauszugs wird kaum Eindruck machen. Es sollte vielmehr eine Präsentation in Unternehmens- oder Organisationsdesign sein, die klar und logisch strukturiert ist. Seitenelemente wie Kopfzeile („Medienresonanzanalyse XYZ"), Fußzeile („Basis dieser Analyse: XY Artikel zum Thema Z aus dem Zeitraum W") und Seitenzahlen sind selbstverständlich. Das Logo oder der Schriftzug des Unternehmens gehört auf jede Seite, ebenso eine Überschrift und mindestens ein Textkasten, in dem die Kernaussage dieser Seite formuliert wird. Diese wichtigste Aussage einer Seite kann aus der Grafik oder der Tabelle gewonnen werden: Maximalwert und Minimalwert bieten sich als Kernaussage an. Die absoluten Zahlen einer Verteilung sollten ebenfalls genannt werden.

Abbildung 17: Bestandteile eines Folienmasters für die Medienresonanzanalyse

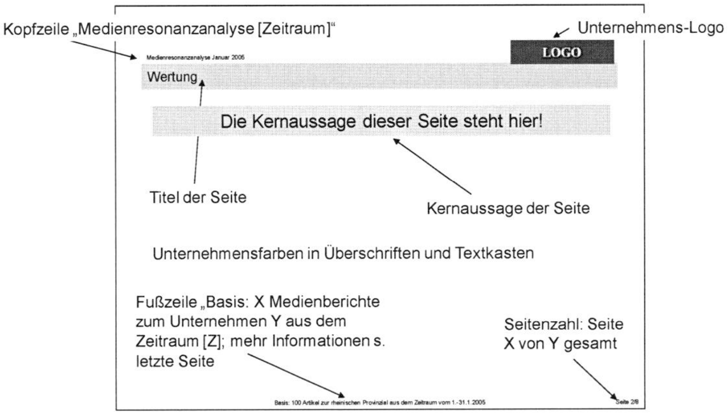

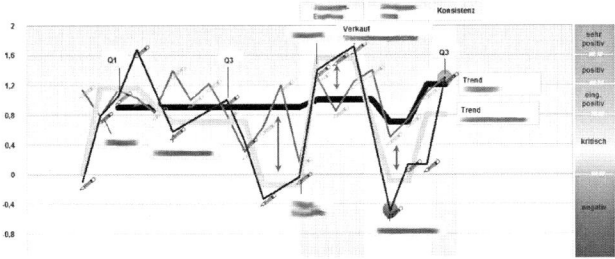

Der Aufbau der Medienresonanzanalyse folgt den Gesetzen einer guten Pressemitteilung: Das Wichtigste sollte am Anfang stehen und die Analyse sollte so gestrickt sein, dass die Geschäftsführung die Kernerkenntnisse innerhalb von wenigen Minuten erfassen kann. Der Text ist leicht verständlich zu formulieren und eventuelle Erklärungen können in einem Anhang oder auf der letzten Seite gesammelt werden. Auf einer solchen letzten Seite werden Begriffe und Vorgehensweisen dargestellt.

6.1.8 Grafische Darstellung in der Mera

Die Grafiken einer Medienresonanzanalyse sollten ebenfalls verständlich und einleuchtend sein. Da es am einfachsten ist, von Negativbeispielen zu lernen, werden hier einige fiktive Beispiele für komplizierte und überfrachtete Darstellungen gezeigt. Es macht keinen Sinn, möglichst komplexe Grafiken mit drei oder mehr Dimensionen zu konstruieren, die schwer zu verstehen sind. Sie werden nicht gelesen und bieten keinen Mehrwert. Eine Analyse, die als zu kompliziert empfunden wird, läuft Gefahr, als „überflüssig" oder „irrelevant" betrachtet zu werden – welcher Leser wird schon gerne zugeben, dass er eine Darstellung nicht versteht?

Abbildung 18: Beispiel für eine komplizierte Grafik

47

Abbildung 19: Beispiel für eine Grafik mit fünf Dimensionen

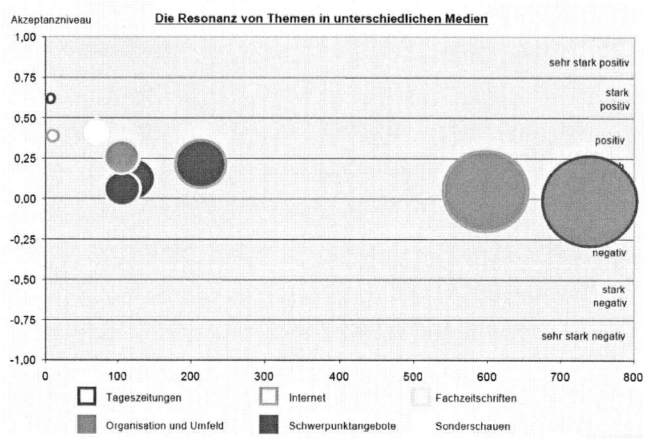

Gleichzeitig gehört die Angabe der Basisdaten für die jeweilige Grafik immer zur Darstellung dazu. Eine Zusatztabelle neben der Grafik verschafft Überblick oder bietet zusätzliche Detailinformationen. Sie hat damit klare Vorteile gegenüber unübersichtlichen Datenbeschriftungen, die womöglich noch mit unterschiedlichen Zeithorizonten in einer Grafik kombiniert werden.

Abbildung 20: Beispiel für schwer lesbare Datenbeschriftungen

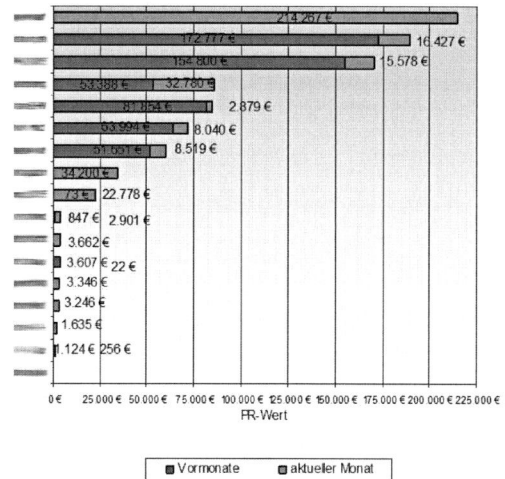

Das Kuchendiagramm bietet sich für alle Darstellung von Verteilungen an, bei denen jeder erfasste Artikel eine Ausprägung besitzt, z. B. Tendenz oder selbst- versus fremdinitiierte Artikel. Es ist auch legitim zur Kuchendarstellung eine Vorauswahl zu treffen, z. B. die Medienart: Die Verteilung der Tendenzen im Bereich der Internetmedien zum Beispiel. Auf diese Einschränkung der Grundgesamtheit muss natürlich hingewiesen werden. Kreisdiagramme sind außerdem nur bei der entsprechenden Basisanzahl legitim: Es macht keinen Sinn, von Prozenten zu reden, wenn es sich nur um eine Handvoll Artikel handelt. Als Faustregel kann eine Mindestzahl von 50 Artikeln, besser natürlich 100 Artikeln angenommen werden. Die Darstellung als Kuchen kann unter Umständen die geringe Fallzahl verschleiern – sei es gewollt oder nicht. In der Praxis kommt das durchaus vor. Die Datenbeschriftung eines Kreisdiagramms sollte mindestens die Kategorienamen und die Prozente umfassen.

Die Darstellung als Stufendiagramm ist für Zeitverläufe die klassische Darstellungsweise. Auch bei nicht zu langen Kategorienamen können Stufen gewählt werden. Als Datenbeschriftung bieten sich die Zahlenwerte an, sofern die Stufen nicht geschachtelt sind. Geschachtelte Stufendiagramme machen nur Sinn, wenn es nicht zu viele weitere Unterteilungen gibt. Eine dreistufige Wertung kann z. B. hinzugefügt werden. Dasselbe gilt für Balkendiagramme, die speziell für lange Kategoriennamen nützlich sind. Zeitliche Schachtelungen lassen diese Grafiken schnell unübersichtlich erscheinen, da z. B. bei zwölf Monaten jeder Balken oder jede Stufe zwölf Unterteilungen hat. Für Balkendiagramme kann entweder die Gesamtheit der Artikelbasis genommen werden oder es wird eine Vorauswahl getroffen (z. B. nur die PR-initiierten Artikel). Dort sind auch Mehrfachnennungen möglich (z. B. bei der Darstellung von Botschaftennennungen).

Abbildung 21: Beispiele für grafische Darstellungen

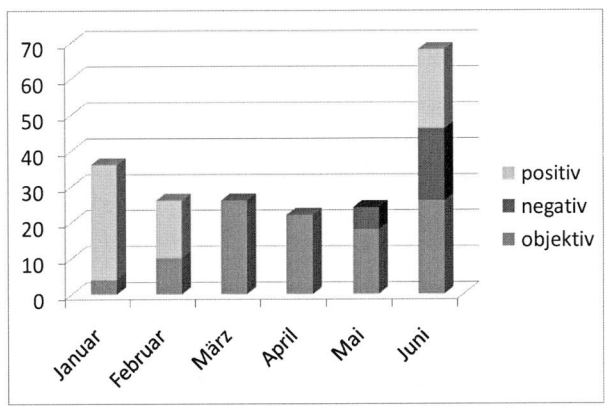

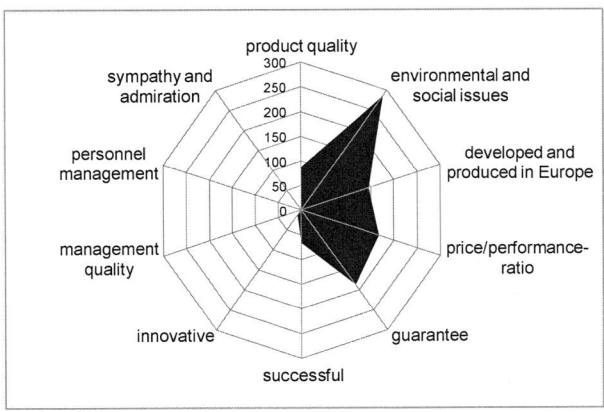

Für inhaltliche Kriterien empfiehlt sich eine schlichte Textseite, in der Art eines Presseechos. Die Wortwolke ist ebenfalls sehr beliebt. Unter wordle.net gibt es kostenlos die Möglichkeit, Inhalte aus der Zwischenablage in eine ansprechende Wortwolke zu transferieren. Für Aspekte mit sehr vielen unterschiedlichen Ausprägungen, wie z. B. Autoren, empfiehlt sich die Darstellung in Form einer Tabelle: Erste Spalte Journalistenname, zweite Spalte Medium, dritte Spalte Anzahl der Artikel.

Abbildung 22: Beispiele für eine Pivottabelle mit Journalist und Medium

Berichtsfilterfelder hierher ziehen

Anzahl von Medium		
Journalist	Medium	Ergebnis
Alich, Holger	Aachener Nachrichten	1
	Die Kitzinger	1
	heise online	1
	portale web online	1
	Wirtschaftliche Nachrichten IHK	1
Alich, Holger Ergebnis		5
Astheimer, Sven	Aachener Nachrichten	1
	Die Kitzinger	1
	heise online	1
	portale web online	1
	Wirtschaftliche Nachrichten IHK	1
Astheimer, Sven Ergebnis		5
Becker, Walther	Aachener Nachrichten	1
	Die Welt	1
	heise online	1
	portale web online	1
	Wirtschaftliche Nachrichten IHK	1
Becker, Walther Ergebnis		5
Bergmann, Rüdiger	Aachener Nachrichten	1
	Die Welt	1
	heise online	1
	portale web online	1
	Wirtschaftliche Nachrichten IHK	1
Bergmann, Rüdiger Ergebnis		5
Bernzen, Anna K.	Aachener Nachrichten	1
	Die Welt	1
	heise online	1
	Radio Emscher Lippe	1
	Zeitungsgruppe Lahn Dill	1
Bernzen, Anna K. Ergebnis		5

Tabelle2 Tabelle1

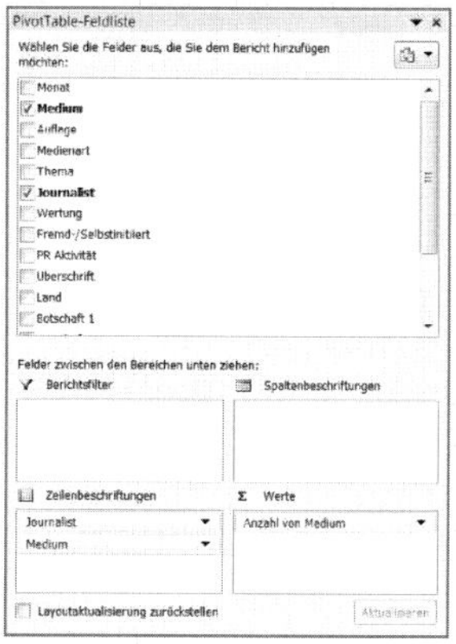

Die Präsentationsseiten sollten nicht zu viele Informationen enthalten: ca. ein bis zwei Grafiken, eventuell eine Tabelle und einen Textkasten. Die Anordnung der Seiten geschieht nach eigenem Ermessen nach Relevanz und Wichtigkeit des Folientitels. Wenn es sich um eine umfangreiche Analyse handelt, bietet sich die Erstellung eines Inhaltsverzeichnisses an. Je mehr Ergebnisse die Analyse liefert, umso wichtiger ist die aussagekräftige Zusammenfassung der Medienresonanzanalyse: Bei einfachen Analysen reicht die Zusammenstellung der Kernaussagen jeder Einzelseite. Bei komplexen Analysen wird eine detaillierte Zusammenfassung geschrieben. Die Zusammenfassung wiederum kann auf einer weiteren Seite in eine Stärken-Schwächen-Analyse einfließen, aus der direkte Handlungsempfehlungen herzuleiten sind. Bei der Formulierung der Stärken und Schwächen ist Feingefühl gefragt, damit diese direkte Kritik nicht zu extrem ausfällt. Stärken und Schwächen müssen stichhaltig begründet werden.

Abbildung 23: Beispiel einer Stärken-Schwächen-Analyse

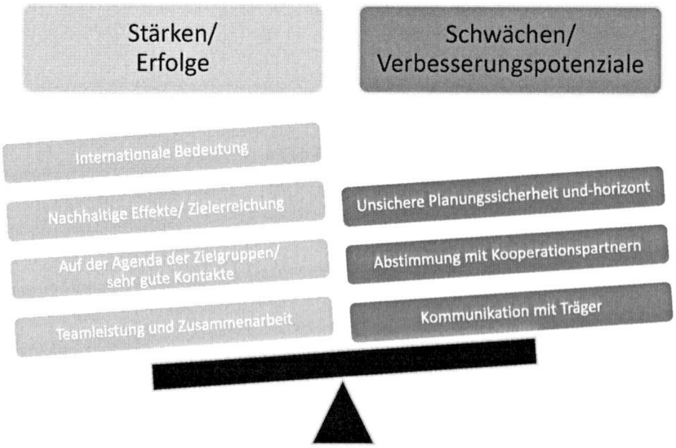

Je nach Vorliebe und Intervall der Medienresonanzanalyse kann eine standardisierte Zusammenstellung von Schlüsselindikatoren einen guten Überblick bieten. Diese Kennzahlen können einfache Ergebniswerte sein, sie können jedoch auch zusammengesetzt werden z. B. aus Investitions- und Effektzahlen (z. B. Tausendkontaktpreis). Mit „Kennwert" werden Ergebnisse in Textform bezeichnet. Ein Kennwert ist z. B. die Angabe des positivsten Produkts. Das „Topmedium" kann ebenfalls als Kennwert dienen. Die Darstellung von Kennzahlen und Kennwerten aus dem Vormonat oder des kumulierten Jahreswertes dienen der Relativierung und Bewertung des Monatsergebnisses.

Abbildung 24: Fiktives Beispiel einer Kennwertaufstellung (Key Media Performance Indikatoren)

	2008	2007
Top Monat (nach Artikelzahl)	Oktober	Mai
Anzahl der Artikel	10	17
Regionaler Schwerpunkt	Nordrhein-Westfalen	Nordrhein-Westfalen
Anteil der Artikel	16%	23%
Top Medienart	Tageszeitung	Tageszeitung
Anteil an Gesamtresonanz	74%	62%
Top Medium	Ärzte Zeitung	Westfälische Nachrichten
Anzahl Artikel	10	8
Top PR Aktivität	Unternehmens-pressemitteilung Nr. 1	Produkt-pressemitteilung Nr. 3
Anteil der Artikel	17%	23%
Top Thema	ASPIRON	ASPIRON JUNIOR
Themenanteil Top Thema	29%	33%
Top Botschaft	ASPIRON DIREKT als neue Therapieform	ASPIRON JUNIOR - neues Arzneimittel für Kinder
Erwähnung	77%	57%
Top Reputationsfaktor Produkt	Sicherheit/Verträglichkeit	Verträglichkeit
Anteil der Artikel	je 15%	17%
Anteil positiver Artikel	32%	20%
Anteil negativer Artikel	3%	1%

6.1.9 Fazit

Die Medienresonanzanalyse ist und bleibt das Paradeinstrument der PR-Evaluation. Sie liefert aussagekräftige Ergebnisse, ist schnell und leicht verfügbar und relativ günstig zu erhalten. Es gibt zahlreiche Anbieter für diese Analysen (siehe Kapitel 0) und auch Literatur, um die Erstellung einer Medienresonanzanalyse selbst zu lernen (s. unten).

Auch wenn sich die Aussagekraft einer Medienresonanzanalyse auf die veröffentlichte Meinung beschränkt, so bietet sie durchaus konkrete Hinweise für die Optimierung der Kommunikationsarbeit. Gerade in technologieorientierten Märkten bietet die Kritik von Fachmedien direkte Hinweise wie Produkte zu verbessern wären.

6.1.10 Literatur zum Kapitel

AMEC Association of Media Evaluation Companies. Glossary & Guide to media evaluation. http://amecorg.com unter Media Evaluation

IPR Institute for Public Relations: "Proposed Interim Standards for Metrics in Traditional Media Analysis" Juni 2012. Unter http://www.instituteforpr.org im Bereich Research

Paine, Katie Delahaye. Measure what matters. Wileys New Jersey 2011

Paine, Katie Delahaye. Measuring Public Relationships: The Data-Driven Communicator's Guide to Success. KDPaine & Partners. Berlin, New Hampshire 2007

Besson, Nanette. Medienresonanzanalyse DO-IT-YOURSELF. Dr. Besson Fachverlag Edingen-Neckarhausen 2. Auflage 2012 (Anleitung für Microsoft Office© 1997 bis 2003/XP)

Besson, Nanette und Heike Wohlfeld. Medienresonanzanalyse DO-IT-YOURSELF 2007. Dr. Besson Fachverlag Edingen-Neckarhausen 2. Auflage 2012 (Anleitung für Microsoft Office 2007©)

Besson, Nanette. Strategische PR-Evaluation. VS Verlag für Sozialwissenschaften. Wiesbaden dritte, überarbeitete und erweiterte Auflage 2008

Plauschinat, Oliver und andere. Evaluation der Presse- und Medienarbeit. Download unter: www.communicationcontrolling.de im Menüpunkt Dossiers

Raupp, Juliana/Vogelsang, Jens. Medienresonanzanalyse - Eine Einführung in Theorie und Praxis. VS Verlag für Sozialwissenschaften. Wiesbaden 2009

Wägenbaur, Thomas (Hrsg.). Medienanalyse. Methoden, Ergebnisse, Grenzen. Schriften zur Medienwirtschaft und zum Medienmanagement; Band 16. Nomos Verlag Baden-Baden 2007

DPRG. PR-Evaluation. Messen, Analysieren, Bewerten - Empfehlungen für die Praxis. Booklet des Evaluationssausschusses der DPRG & GPRA. DPRG Bonn 2000

Bauer, Markus. PR-Erfolgskontrolle in der Pressearbeit. Verlag Reinhard Fischer München 1998

Femers, Susanne/Klewes, Joachim. Medienresonanzanalysen als Evaluationsinstrument der ÖA. In: Baerns, Barbara (Hrsg.). PR-Erfolgskontrolle. IMK Frankfurt/Main 1995. Seite 115ff

Baerns, Barbara (Hrsg.). PR-Erfolgskontrolle. IMK Frankfurt/M. 1995

6.2 Evaluation der spontanen Resonanz

Die spontane Resonanz umfasst alles, was beobachtbar ist. Dazu gehören die wahrnehmbaren Stakeholder-Reaktionen und die latent existierenden Kontakte zwischen Stakeholdern und Organisation: Anfragen, Anmeldungen, Teilnehmerzahlen, Internetzugriffe, persönliche Kontakte und Gespräche, Kontakte zu Multiplikatoren (siehe Abbildung 2). Die spontanen Aktivitäten in sozialen Netzwerken (Likes, Followers, Fans, Teilen, etc.) bieten ebenfalls dankbare quantitative Aktivitätszahlen. Die Inhalte der Resonanz und die Qualität von Beziehungen fließen nicht in diese Kategorie ein – sie stellen nachhaltige Wirkungen dar, die unter „Meinung/Einstellung" bzw. „Beziehungen" erfasst werden (siehe Kapitel 6.3 und 6.4.3).

6.2.1 Direkte persönliche Kontakte

Direkte persönliche Kontakte sind bidirektionale Kontakte, die zum Beispiel durch Email-Anfragen oder bei Veranstaltungen entstehen. Es ist in der Praxis beschwerlich, diese Zahlen zu ermitteln, da sie von den Mitarbeitern geliefert werden müssen und das zusätzliche Arbeit verursacht. Oft werden Schätzungen die einzige Möglichkeit sein, wenn das Verhältnis von Aufwand und Ertrag gewahrt bleiben soll. Die Zahl der Einladungen und der Zusagen sind vorhanden – sie müssen nur zentral festgehalten werden. Auch die Teilnehmerzahlen von Veranstaltungen sind zu ermitteln. Sobald innerhalb eines PR-Teams das Gefühl dafür entsteht, welche Informationen für die Evaluation relevant sein könnten, wird dieser Aufwand nicht mehr hoch erscheinen. Dafür ist jedoch die Unterstützung der Mitarbeiter für das Projekt „Evaluation" sehr wichtig (siehe Kapitel 4.1.5, Seite 19).

6.2.2 Social Media Kontakte

Die Kontakte zu Nutzern der Social Media sind persönliche, bidirektionale Kontakte. Sie stellen unter Umständen enorme Multiplikatoren dar, je nachdem, wie viele Menschen zu ihrem Netzwerk gehören. Diese Spezies ist neu, enorm wichtig und potenziell mächtig. Sie können sowohl gute Nachrichten wie auch schlechte Nachrichten extrem schnell verbreiten und auch völlig frei neue Themen auf die Tagesordnung bringen. Sie sind nicht zu kalkulieren und agieren 24 Stunden an sieben Tagen der Woche. Daher ist es für Unternehmen zunehmend unverzichtbar, eine kontinuierliche Beobachtung der sozialen Netzwerke installiert zu haben, auf die auch zeitnah reagiert werden kann.

Die Zahlen aus sozialen Netzwerken müssen entweder selbst ermittelt oder mit Hilfe von Monitoring- und Analysetools erhoben werden (siehe Kapitel 6.3.4 und 6.3.5). Zu bedenken ist bei der Ermittlung dieser Zahlen (Likes, Retweets etc.), dass es viele Follower gibt, die nur zu eigenen Werbezwecken folgen. Zudem gibt es Agenturen, die Follower und Fans verkaufen — es ist also nicht alles ein Kontakt, was nur einen Klick entfernt ist.

6.2.3 Multiplikatorenkontakte

Die Kontakte zu Multiplikatoren werden eventuell (je nach Ausrichtung der Kommunikationsarbeit) getrennt zu betrachten sein. Klassische Multiplikatoren sind z. B. Journalisten, Politiker, Vertreter von Vereinigungen oder von Verbänden. Die Fragen lauten: Wie viele Multiplikatoren kennen Sie? Wie einflussreich sind diese Personen?

6.2.4 Onlinekontakte

Die Onlinekontakte umfassen unpersönliche, einseitige Kontakte über das Internet: die Zugriffszahlen (Logfiles) der Internetseiten der Organisation oder des Unternehmens. Diese sind vorhanden, da Logfiles automatisch vom Server aufgezeichnet werden. Sie müssen nur angefordert und aufbereitet werden. Dafür gibt es zahlreiche Softwareprogramme. Interessant für die Auswertung sind die absoluten Zahlen der Besucher, der angeklickten Seiten, der Verweildauer, der Herkunft der Besucher (Referrer) und die beliebtesten und unbeliebtesten Seiten. Es ist sogar möglich, die Herkunftsregionen der Besucher zu erfassen.

Als Bewertungsmaßstab kann in erster Linie der Vergleich von Zeiträumen dienen. Es ist aussagekräftiger, wenn auch Daten von ähnlichen Portalen und vergleichbaren Unternehmenswebsites zum Vergleich zur Verfügung stehen. Einen solchen Vergleich bietet der Verein www.WebXF.de an, der ein Benchmarking von Social Media Aktivitäten und Websites von Unternehmen entwickelt hat. Für kleine Unternehmen bietet sich aber wohl eher die Suche nach einem eigenen Benchmarkingpartner an. Für Nonprofit-Organisationen ist dieser Weg auch gangbar, wird aber in der Praxis noch selten beschritten.

6.2.5 Fazit

Die spontane Resonanz ist ein quantitativer Wert, der durch die Zahl und die Persönlichkeiten der Kontakte den Erfolg der Kommunikationsarbeit belegt. Zur Bewertung kann entweder mit einem Zeitpunkt verglichen werden (z. B. wie viele Kontakte hatten Sie letztes Jahr?) oder man findet eine Organisation mit ähnlichem Kontaktprofil, mit dem man sich vergleicht. Ein solches Benchmarking muss nicht bedeuten, dass die komplette Kommunikationsarbeit übereinstimmen muss. Es reicht, wenn die Kontaktsuche ähnlich angegangen wird. Viele dieser Daten sind öffentlich zugänglich, manche jedoch nicht. Das Eingehen einer Benchmarking-Kooperation wäre sicherlich interessant, um einzelne vergleichbare Aspekte zu bewerten. Fraglich ist, ob sich eine solche Offenheit durchsetzen kann – Wettbewerbsvergleiche werden bisher meist ohne Wissen des Mitbewerbers in Auftrag gegeben.

Die Darstellung der spontanen Resonanz wird in einfachen Tabellen vorgenommen. Dabei ist darauf zu achten, dass die Kategorisierung stimmt und nur gleichwertige Kontakte aufaddiert werden.

Abbildung 25: Beispiel für die Darstellung von spontaner Resonanz

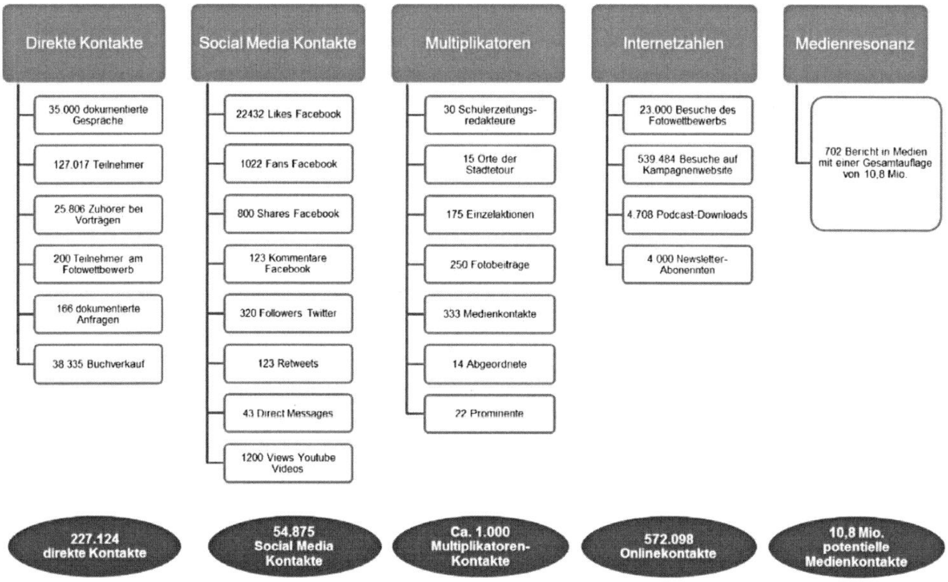

Es können auch Kennzahlen gebildet werden, z. B. die Anzahl der Einladungen geteilt durch die Anzahl der Teilnehmer. Eine solche Effizienzberechnung deckt Schwachstellen in der Ansprache von Stakeholdern auf: z. B. ob die richtige Form und der richtige Zeitpunkt gewählt wurden? Eine weitere Kennzahlenbildung kann die Häufigkeit von Kontakten berechnen: Anzahl der Gespräche mit Stakeholdern pro Tag, Dauer von Gesprächen etc. Die Soziodemographie der Kontakte kann untersucht werden: die Verteilung von Geschlecht, Alter, Bildungsstand, etc. Auch die aktive Beteiligung von Gästen (z. B. Wortmeldungen) kann gewählt werden und inhaltlich erfasst werden.

Abbildung 26: Beispiel einer Erfassung der direkten Resonanz einer Pressekonferenz (Besson 2004, 287)

Bezeichnung Einzelwert	Wert
Teilnehmer	90
Anzahl Personen mit Fragen/Beiträgen während Veranstaltung	16
Anzahl Fragen/Beiträge während Veranstaltung	16
Inhalte der Beiträge/Fragen	Themen: Geschlechterunterschiede, Details zur Studie
Anzahl Lob zum Unternehmen	keine
Zeitliche Entwicklung der Fragen	nach 30 Minuten die ersten Fragen, bis 70 Minuten
Anzahl Reaktionen nicht zum Thema	2
Anzahl Reaktionen zum Thema	14
Anzahl mündliche Unternehmensnennung	vereinzelt
Mündliche Unternehmensnennung Kommentar	Unternehmen wurde in keiner Frage, nicht bei der Begrüßung oder Verabschiedung erwähnt
Soziodemographie Fragensteller	14 ältere Männer, 2 jüngere Männer, eine Frau
Zielgruppe Alter	ca. 50 % >60 Jahre
Zielgruppe Bildung	keine Angabe
Zielgruppe Geschlecht	14/90= 15 % Frauen, 85 % Männer
Zielgruppe Position	Redakteure und freie Mitarbeiter

Die Erfassung der spontanen Resonanz sollte zielführend geschehen und nicht in eine unübersichtliche Menge von Einzelkennzahlen ausufern.

6.2.6 Literatur zum Kapitel

Besson, Nanette. Strategische PR-Evaluation. VS Verlag Wiesbaden 3. Auflage 2008. Kapitel 5.6

Besson, Nanette. Strategische PR-Evaluation. VS Verlag Wiesbaden 1. & 2. Auflage 2003/2004. Tabellen 59 und 65

Paine, Katie Delahaye. Measure what matters. Wileys New Jersey 2011

Paine, Katie Delahaye (2008): Measuring Public Relationships - The Data-Driven Communicator's Guide to Success, Berlin (NH).

6.3 Evaluation des Zielgruppendenkens

Das Ziel von Organisationskommunikation ist es – egal ob nonprofit oder wirtschaftlich ausgerichtet – das Denken der Stakeholder, der relevanten Zielgruppen, so zu beeinflussen, dass die Organisation oder das Unternehmen einen Nutzen davon hat. Um zu erfahren, was die Leute denken, muss man ihnen zuhören und sie eventuell fragen. Das geschieht nicht so oft: der „PR-Trendmonitor" hat erschreckend wenige 17 % der befragten PR-Treibenden ermittelt, die angeben, ihre klassischen Zielgruppen zu befragen[18]. Es ist durch die sozialen Medien mittlerweile sehr viel leichter, die Meinungen der Zielgruppen zu erfahren. Das nützt allerdings wenig, wenn die Zielgruppen, die erreicht werden sollen, nicht in den sozialen Netzwerken aktiv sind. Daher werden hier zunächst die klassischen Meinungsforschungsquellen dargestellt. Das Monitoring und die Analyse von „Social Media" werden getrennt beleuchtet (Kapitel 6.3.3).

6.3.1 Bekanntheit (Wissen)

Die Bekanntheit einer Organisation bzw. eines Unternehmens können Sie nur durch eine möglichst repräsentative Befragung ermitteln. Dabei handelt es sich um die Fragen „Welche Unter-

---

[18] PR-Trendmonitor, eine regelmäßige Umfrage unter PR-Professionals, durchgeführt von den Dienstleistern news aktuell und Faktenkontor.

nehmen der XY-Branche kennen Sie? Kennen Sie X, kennen Sie Y, kennen Sie Z? Wie gut kennen Sie X, Y, Z?". Bei kurzen Befragungen ist zu empfehlen, zunächst „ungestützt", d. h. mit einer offenen Frage zu beginnen. Anschließend kann in einer „gestützten" Befragung die Bekanntheit von verschiedenen ähnlichen Organisationen ermittelt werden. Weitergehende Fragen würden bereits Meinung und Image erfassen.

Es gibt die Möglichkeit, sich kostengünstig per „Omnibus" an vorhandenen Umfragen zu beteiligen. Diese haben den Vorteil, dass sie feste Panels (Gruppen von Befragten) aufgebaut haben, die regelmäßig zu verschiedenen Themen befragt werden[19]. Vielleicht führt der eigene Branchenverband Umfragen durch, bei denen nach Ihrer Organisation gefragt wird. Der Vergleich der Ergebnisse unterschiedlicher Umfragen ist mit Vorsicht zu genießen: Die Auswahl der Befragten, die Art der Befragung, der Aufbau des Fragebogens und die Antwortmöglichkeiten, der Zeitpunkt der Befragung – diese Faktoren können das Ergebnis einer Befragung wesentlich beeinflussen. Sofern Sie jedoch regelmäßig eine bestimmte Umfrage zu Rate ziehen, ist ein Zeitvergleich zu Bekanntheitswerten durchaus legitim.

Die Onlinewelt bietet mittlerweile auch die Möglichkeit, in Eigenregie eine Onlinebefragung zu erstellen und durchzuführen: von selbsterstellten Emailbefragungen über kostenlose Onlinebefragungen auf Homepage oder Blog bis zu „öffentlichen" Umfragen bei Twitter reichen die Angebote (Adressen auf Seite 94). Je nachdem, ob Ihre Zielgruppe diese Medien nutzt, kann der Einsatz solcher Befragungsplattformen durchaus sinnvoll und kostensparend sein.

Wenn Sie eine Gesamtumfrage scheuen, können Sie auch eine ausgewählte Anzahl von Zielgruppenmitgliedern direkt befragen, z. B. auf einer Messe oder am „Point-of-Sale". Damit erhalten Sie zumindest einen ersten Anhaltspunkt, wie bekannt Ihr Unternehmen ist.

6.3.2 Meinung und Image

Sobald es nicht mehr um das reine „Kennen" des Unternehmens oder der Organisation geht, sondern eine Position bezogen wird, handelt es sich um Meinungen und Vorstellungen. Jede Person kann sich eine Meinung zu einem Sachverhalt bilden – mit oder ohne Wissen. Die Meinung bezeichnet die Position eines Individuums, nicht einer Menge. Sie muss nicht rational sein, sondern kann sehr emotional beeinflusst sein. Die Meinung bestimmt das Image, da diese emotionale Bewertung in das Bild, das gesehen wird, einfließt. Das Image ist die Vorstellung des Individuums von einer Sache oder einer Person. Es gibt ein Selbstbild, ein Fremdbild und ein Idealbild. Im günstigsten Falle stimmen sie weitgehend überein. Oft wird es so sein, dass z. B. eine Organisation ein Idealbild hat, die Öffentlichkeit hingegen ein abweichendes Fremdbild sieht. Die Aufgabe der Kommunikation ist es, zwischen diesen unterschiedlichen Bildern – Images – zu vermitteln und zu versuchen, sie anzugleichen.

---

[19] Kosten siehe Kapitel 2.4

Abbildung 27: Images: Selbst-, Fremd- und Idealbild

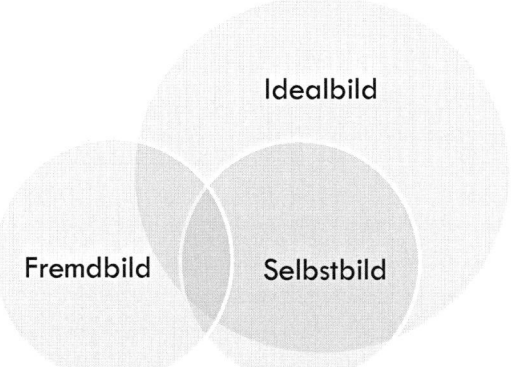

Der erste Schritt, um diesem Unterschied auf die Spur zu kommen, ist die Erfassung des Selbst- bzw. des Idealbildes. Wie möchte man sein? Modern, innovativ, aktuell, sympathisch – das sind nur einige der Eigenschaften, die ein Image umschreiben. Wenn das Eigenbild in Worte oder Kategorien gefasst ist, kann dieses Kategoriensystem einem Stakeholder vorgelegt werden, um seine Einschätzung der Organisation abzufragen. Diese Methode heißt „Semantisches Profil" und deckt Unterschiede in Meinungen und Bildern (Images) auf.

Abbildung 28: Beispiel für ein „Semantisches Profil" nach Schulz 1991, Seite 161

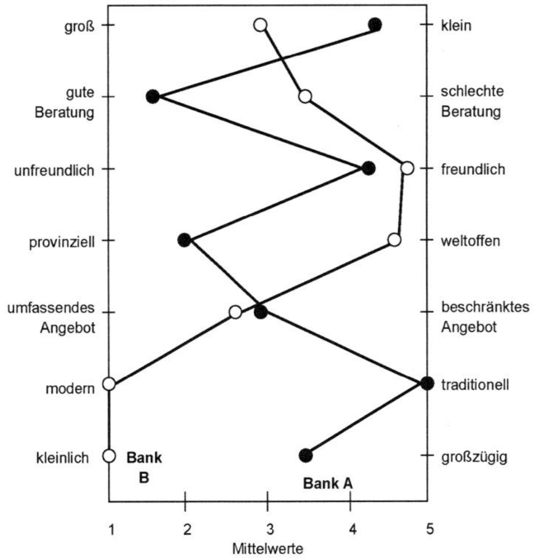

Zur Ermittlung von Meinungen und Images können verschiedene Methoden der empirischen Sozialforschung zum Einsatz kommen, z. B. die indirekte Befragung mit Projektion/Assoziation, eine Gruppendiskussion, Expertengespräche oder Tiefeninterviews. Es können natürlich auch Quellen von Meinungen hinzugezogen werden: z. B. Beschwerde- oder Leserbriefe, Hotlineanrufe oder persönliche Gespräche bei Messen oder anderen Events. Generell ist immer zunächst die Auswahl zu treffen, *wem* zugehört wird: Wer ist ein Experte oder wer ist durch seine Anhängerschaft ein Multiplikator? Ist die Auswahl der Meinungen repräsentativ für meine Zielgruppe?

57

Meinungen können natürlich auch durch direkte Befragungen ermittelt werden (persönlich, telefonisch oder schriftlich). Zur Auswahl der Fragen und Konstruktion eines Fragebogens sollte möglichst Expertenrat und/oder Literatur hinzugezogen werden. Es gibt pragmatische Literatur zum Thema Umfragen oder Fragebögen (z. B. „Der Fragebogen" von Kirchhoff und anderen, erschienen im VS Verlag 2008). Quellenhinweise zu Checklisten und anderen Ressourcen befinden sich im Anhang dieses Handbuches. Hier einige Hinweise zur Erstellung eines Fragebogens[20]:

- Stichprobe auswählen: Quote oder Zufall; evt. Testgruppe oder Parallelgruppen
- Fragenformat bedenken (offene versus geschlossene Fragen)
- Offene Fragen: genügend Platz zum Antworten
- Anzahl der Antwortmöglichkeiten: Unentschieden möglich oder nicht? Gewünschte Auswertungsergebnisse berücksichtigen!
- Formulierung: zielgruppenorientiert, verständlich und klar
- Layout übersichtlich und klar
- Objektivität der Fragen, keine Tendenz vorgeben!
- Reihenfolge der Fragen: Aufmerksamkeit im mittleren Drittel am höchsten; erst unverfängliche Fragen, dann schwierigere; persönlich Fragen am Schluss
- Gesamtlänge des Fragebogens beachten! Zeitpunkt der Befragung bedenken (während oder nach Veranstaltung?)
- Pre-Test machen!

Bevor die Befragung gestartet wird, sollte immer ein Pre-Test an einer kleinen Auswahl von Personen durchgeführt werden. Dabei können z. B. Unschärfen in der Formulierung aufgedeckt werden. Generell ist bei schriftlichen Befragungen mit einer relativ geringen Rücklaufzahl zu rechnen (ca. 30 % sind bereits gut, so die Autoren des Buches „Der Fragebogen").

6.3.3 Einstellung
Die Einstellung von Individuen ist ein etwas weiter reichendes Konstrukt als das Image. Ein Image ist sehr emotional geprägt und schnell wandelbar. Die Einstellung hingegen setzt sich aus einer Wissenskomponente, Emotionen, Meinungen und einer Verhaltenstendenz zusammen. Sie bildet sich langsamer und verändert sich nicht so schnell. Eine Person steht in einer bestimmten Position zu einem Objekt und verhält sich auch dementsprechend. Die Einstellung von Stakeholdern zu erfassen bedarf einer intensiveren Auseinandersetzung mit dem Stakeholder. Eine mehrdimensionale Messung ist unerlässlich. Dafür sind Methoden der empirischen Sozialforschung hinzuzuziehen und planvoll einzusetzen. Für die pragmatisch schnelle und unkomplizierte Evaluation ist die Einstellungsmessung zwar wünschenswert, aber unrealistisch. Professionelle Hilfe zur Einstellungsforschung ist bei etablierten Marktforschungsunternehmen zu finden.

6.3.4 Social Media Monitoring
Im Zeitalter des „Web 2.0", in dem sich soziale Medien im Internet sehr schnell weiter entwickeln, hat sich ein völlig neuer Zugang zu Meinungen und Einstellungen eröffnet: Das Social Media Monitoring, von dem an dieser Stelle eine Momentaufnahme der Möglichkeiten dargestellt wird, ist der Schlüssel zur Beobachtung dieses Zielgruppendenkens. Da dieser Bereich sich

---

[20] Quelle: www.aschemann.at/Downloads/Fragebogen.pdf

allerdings extrem schnell weiter entwickelt, kann für die Aktualität und Vollständigkeit dieser Angaben keine Gewähr übernommen werden.

79 % der Unternehmen geben an, Social Media beruflich zu nutzen[21]. 52 % der deutschen Unternehmen sehen das Zählen der Friends und Followern als ausreichenden Erfolgsnachweis für ihr Engagement in diesem Bereich an. 40 % zählen die Anzahl der Erwähnungen. 39 % ziehen die Tonalität, 37 % die Dialogintensität und 23 % die Analyse der Quellen als Erfolgsindiz hinzu. Das steht im deutlichen Gegensatz dazu, dass 57 % der befragten Unternehmen das Engagement in den Social Media mit dem Ziel "Imagepflege zu betreiben" rechtfertigen – ein Kriterium, das eine inhaltliche Auseinandersetzung mit der Resonanz zur Erfolgskontrolle voraussetzt. 43 % der Unternehmen geben an, die Kundenbindung steigern zu wollen, wobei die Kunden und Journalisten die wichtigsten Akteure seien. Andere Gruppierungen, aus deren Richtung vor allem kritische Bemerkungen kommen könnten, werden anscheinend vernachlässigt: Anwohner, Bürgerinitiativen, NGOs, Gewerkschaften, Aktionäre. Die Erwartungen an das Monitoring von Social Media sind groß. 60 % der Unternehmen nutzen allerdings nur kostenlose Tools zum Social Media Monitoring, deren Reliabilität und Validität der Datenerhebung schwer zu kontrollieren sind. Trotzdem soll das Monitoring neue Themen aufdecken, den Markt und Wettbewerb beobachten und als Erfolgskontrolle dienen. Eine stetige Herausforderung in Anbetracht der sich ständig ändernden Onlinewelt. So hat sich z. B. die Googlesuche in den letzten zwei Jahren komplett verändert: von automatischen Zeitleisten über komplette Twitter- und Facebookbeobachtung umfasst sie im Moment nur mehr die Beobachtung von Webseiten, News, Blogs und einigen anderen Kategorien.

Durch die neuen sozialen Onlinemedien, in denen Nutzer ihre Meinung äußern können, ist der Zugang zu Meinungen für Unternehmen und Organisationen erheblich vereinfacht worden. Dabei stellt sich immer die Frage, ob die dort veröffentlichten Meinungen relevant sind. Das geht manchmal schneller als erwartet: Relevant sind Meinungen, wenn sie von vielen Menschen gelesen werden. Sobald Meinungen im Internet veröffentlicht und durch eine Internetsuche nach einem Unternehmen oder einem Produkt auf der Suchergebnisseite direkt neben den Seiten der Organisation zu finden sind, besitzen diese Meinungen erhebliche Relevanz für die Unternehmenskommunikation. Die „Machtverhältnisse" sind durch das Internet und seinen offenen Zugang verschoben worden: Jeder kann zu einem Meinungsführer werden, wenn er es schafft, im Internet Anhänger zu finden – z. B. „Follower" bei Twitter. Daher brechen für Unternehmen neue Zeiten bei der Bewertung der Wichtigkeit von Stakeholdern an. Nach neuesten Daten der AGOF[22] sind mittlerweile 51,4 Millionen Menschen in Deutschland „online". Das entspricht 73 % der deutschen Wohnbevölkerung ab 14 Jahren. Damit besitzt die Onlinecommunity eine hohe Repräsentanz für Deutschland.

Dabei gibt es nicht nur Twitter und Facebook, die zurzeit im Bereich sozialer Netzwerke in Deutschland dominieren. Im Internet sind geschriebene Meinungsäußerungen zahlreich verfügbar. Online Meinungsportale sind z. B. www.dooyoo.com oder www.ciao.de. Verkaufsportale bieten mittlerweile auch fast immer Kommentarmöglichkeiten an. Für Bücher können auf Buchhandelsseiten eigene Rezensionen hochgeladen werden. Für Restaurants gibt es eigene Bewertungsseiten. Mit höchstrichterlichem Urteil wurde das Bewertungsportal www.spickmich.de ge-

---

[21] Quelle: "Social Media Trendmonitor 2012" im Internet auf Slideshre.net zu finden
[22] Arbeitsgemeinschaft Online Forschung (AGOF)

nehmigt, in dem Lehrkräfte an Schulen von ihren „Stakeholdern", den Schülern, evaluiert werden. Dasselbe gibt es für Professoren an Hochschulen (www.meinprof.de). In Blogs werden Meinungen geäußert und kommentiert. Die Meinungsflut im Internet kann zu einem regelrechten Rauschen führen und es ist dabei nicht einfach, die wirklich interessanten Äußerungen herauszufiltern. Es scheint eine Bewegung von den klassischen Medieninhalten zu den sozialen Medien zu geben: Zum einen verknüpfen die klassischen Medien ihre Neuigkeiten mit ihrem Twitter-Account, zum anderen lesen Twitterer und Blogger erst die Medien und kommentieren die neuesten Nachrichten dann in ihrem Medium. Blogbeiträge werden oft mit dem Twitter-Account verbunden, so dass nicht „doppelt geschrieben werden muss" (http://twitterfeed.com). Leser von Blogs erhalten den „Feed" (die „Schnur der Beiträge") über einen Feedleser (z. B. im Browser oder über eine spezielle Einstellung im Emailprogramm). Die Verfolger („Follower") von Twitter-Usern sehen die „Tweets" (Beiträge) auf ihrer Twitter-Internetseite oder in speziell installierten kleinen Programmen (z. B. Tweetdeck oder Hootsuite), die es auch für Handys gibt (z. B. Tiny Twitter). Die meisten Onlineforen, z. B. Xing, Youtube, Pinterest, Scribd oder Slideshare, bieten ebenfalls eine Verknüpfung des Accounts mit Twitter oder einem Blog per Knopfdruck an. Auf diese Weise werden Beiträge sehr schnell im ganzen Netz verbreitet. Und mit zunehmender Internetverfügbarkeit durch Handy-Flatrates und weitverbreiteten WLANs sind die Stakeholder nicht nur immer besser vernetzt, sondern auch überall erreichbar. Sie können sofort kommentieren, wenn sie etwas erleben. In Zusammenhang mit Unternehmens- oder Organisationskommunikation verringert das ganz erheblich die Zeit, die zum Reagieren zur Verfügung steht. Wenn z. B. ein Krisenfall bekannt wird, dann geht die Meldung über das Internet innerhalb von Minuten um die Welt bzw. durch die „Community" und kann erheblichen Schaden (Boykottaufrufe, Proteste, Streiks, Diffamierung etc.) verursachen. Da ist es ratsam für Organisationen und Unternehmen, fertige Krisenkonzepte zu haben und direkt handlungsfähig zu sein.

Diese schnelle und offene Meinungswelt birgt nicht nur Risiken. Die Onlinewelt bietet die Möglichkeit, auf einfache Weise nach Meinungen zu einem Thema zu fragen. Eine Organisation kann sich eine Stakeholdergruppe aufbauen (z. B. bei Twitter als Followers oder bei Facebook als Fan einer Gruppe), die sie dann schnell und unkompliziert zu Themen befragen kann. Die Onlinewelt fordert Unternehmen zunehmend auf, eine Zwei-Wege-Kommunikation zu betreiben, wie sie von PR-Pionieren wie Grunig und Hunt bereits 1984 in ihrem Klassiker „Managing Public Relations" als Ideal für PR beschrieben wurde. Dabei ist es sehr wichtig, authentisch zu sein und zu wirken. Wenn der Eindruck entsteht, dass die neue Onlinewelt nur für Marketingzwecke eingesetzt wird und die Community sich nicht ernst genommen fühlt, schlägt diese direkte Kommunikation sehr schnell ins Negative um und wird nicht als offen und innovativ wahrgenommen, sondern als Verkaufsförderungsmaßnahme diskreditiert (so bei einem Mobilfunkanbieter nach einer im Facebook übertragenen Pressekonferenz im Juli 2009).

Es bieten sich folgende Möglichkeiten zum Monitoring von Online und Social Media Resonanz an:

- Google Suche (Vorsicht: Die hohe Ergebnisangabe auf der ersten Seite reduziert sich auf einen relativ kleinen, realistischeren Betrag, wenn man auf die letzte Ergebnisseite durchklickt!)[23] – die Google Suche verändert sich ständig: so gab es kurzzeitig auch Facebook- und Twitterbeobachtung, die jedoch 2011 wieder ausgeschaltet wurde.

---

[23] Ein Hinweis von Richard Bagnall, AMEC Summit Dublin 2012.

- Blogs und Suchergebnisseiten über RSS Feed abonnieren (über Browser, Emailprogramm oder Feedreader)
- Alert einrichten (Google Alert oder Twilert)
- Fakeaccount im Netzwerk anmelden, so dass man es regelmäßig manuell durchsuchen kann (Facebook, Meinungsportale)
- Kostenlose Tools nutzen (ändern sich ständig, am besten eine aktuelle Internetrecherche zum Thema „Social Media Monitoring" durchführen!). Bei kostenlosen Tools kann nicht von Vollständigkeit der Ergebnisse ausgegangen werden. Außerdem haben die meisten Portale Schwierigkeiten, die Suchergebnisse auf die deutsche Sprache einzuschränken. Am besten parallel verschiedene Tools laufen lassen. Selbst die Twittersuche liefert nicht alle Meldungen.
- Bezahltools kaufen. Die Anbieter von kostenpflichtigen Tools zum Social Web ändern sich ebenfalls ständig – daher ist auch hier eine aktuelle Recherche inkl. Probeläufen zu empfehlen. Eine Orientierung bieten Blogbeiträge, die bereits eine Vorauswahl der Anbieter treffen.

Don Bartholomew hat in seinem Blog „Metricsman" folgende Kategorisierung von Social Media Beobachtung vorgestellt, die das ganze Spektrum von unsystematischer Beobachtung bis hin zur professionellen Netzwerkanalyse unterscheidet:

Abbildung 29: Social Media Listening Maturity Model (Bartholomew 2012)

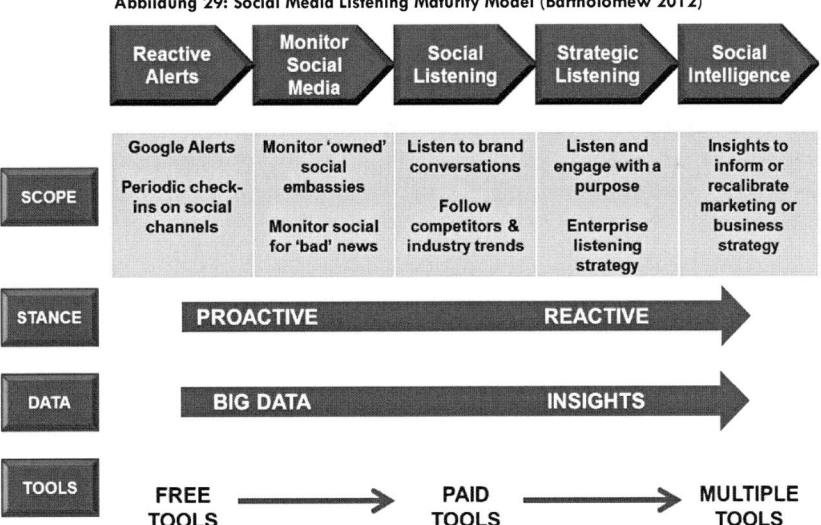

6.3.5 Social Media Analyse

Die einfachste Art, digitale Texte zu evaluieren, ist die Erstellung einer Wortwolke. Unter www.wordle.net ist dies z. B. kostenlos möglich. Durch einfaches Kopieren des Textes in das Analysefeld werden auf Knopfdruck anschauliche Wortwolken erzeugt, die die Verteilung von Schlagwörtern darstellen.

Mit einer solchen Wolke kann z. B. dargestellt werden, mit welchen Themen sich ein Blogger überwiegend beschäftigt. Bei der Analyse von Blogbeiträgen, die Organisation kommentieren, man, mit welchen Begriffen die Organisation in Verbindung gebracht wird. Eine weitere Möglichkeit ist es, die Bewertungskommentare von einem Portal zusammen zu kopieren und daraus eine Wortwolke zu erstellen. Wenn eine intensivere Inhaltsanalyse gewünscht wird, kommt man nicht umhin, sie „zu Fuß" zu erstellen. Automatische Texterkennungssysteme können keine inhaltlichen Tendenzen erkennen: Wortspiele, Reime, Witz, Ironie oder Sarkasmus werden nicht vom Computer erkannt.

Zur Analyse von Social Media Resonanz sollten einheitliche Standards genutzt werden, um die Ergebnisse transparent und vergleichbar zu machen. Für die Erarbeitung von Standards und Qualitätskriterien von Social Media Analysen haben Katie Paine und Tim Marklein eine „Cross-Industry Collaberation" ins Leben gerufen. Dort haben PR-Verbände zusammen mit anderen Kommunikationsverbänden aus dem Bereich Social Media, Werbung, Marketing, Media-Ratingagenturen und Unternehmensvertretern als Kunden gemeinsam ein Erfassungsraster entwickelt, mit dem qualitätsrelevante Faktoren für jedes Projekt festgehalten werden können – um einen ähnlichen „Stempel" zu haben wie bei der Nährwertampel auf Lebensmitteln. Dieses Ziel strebt die Initiative THE CONCLAVE[24] von Katie Paine und Tim Marklein an. Sie stellten auf dem 4. AMEC European Measurement Summit in Dublin im Juni 2012 folgende Qualitätskriterien für die Erfassung und Analyse von Social Media vor: Die Beachtung der Auswahl und Erhebung der Daten und die Kategorisierung nach Wirkungsstufen.

---

[24] Der Hashtag „#smmStandards" sammelt auf Twitter alle dazugehörigen Kommentare. Unter http://smmstandards.org/ wird eine Website gelauncht, die den Austausch und die Weiterentwicklung von branchenübergreifenden Social Media Standards ermöglichen soll.

1. Basis der Analyse: Qualität der Quellen und Datenerhebungsmethoden
   Jede Analyse kann nur so gut sein, wie die Daten, die ihr zugrunde liegen. Daher ist es der erste und wichtigste Schritt bei der Datenerhebung auf Standardisierung zu achten und transparent über das Auswahl- und Analyseverfahren zu informieren. Die Masse an Meinungsäußerungen auf Twitter, Facebook und anderen Portalen ist riesig. Dabei ist das Spektrum ihrer Bedeutsamkeit sehr weit: von direkt image- oder reputationsschädigend über völlig inhaltsfrei und irrelevant bis hin zu positiv verstärkender Kommunikation von Unternehmensissues. Und bei der Flut von Meldungen gilt es, diese möglichst schnell zu kategorisieren, damit sich auf die relevanten Postings konzentriert werden kann. Diese wiederum bieten ganz neue Möglichkeiten, die Kommunikation zielgruppengerecht zu steuern, indem relevante Themen aufgegriffen und offen angesprochen werden. Es gibt viele Facetten, die bei der Erfassung und Bewertung von Social Media Meldungen zu berücksichtigen sind. Es sind keine wirklich "neuen". Es gelten eigentlich dieselben Qualitätskriterien, die auch für andere inhaltliche Zielgruppen- und Medienresonanz gelten: die Auswahl und Kontinuität der Quellen, die definierte Auswahl der Basis, die standardisierte Erfassung und Bewertung. Zur Systematisierung und Vergleichbarkeit von Social Media Analysen entwickelte die #SMMStandards-Initiative folgende Transparenz-Tabelle:

Abbildung 31: #SMMStandards Transparency Table (ssmstandards.org)

#SMMStandards – Sources & Methods Transparency Table	***www.smmstandards.org***
Timeframe Analyzed	
Research Lead(s)	
Channels Analyzed	
Data/Content Sources	
Analysis Depth	☐ Automated ☐ Manual ☐ Hybrid ☐ All Content Reviewed ☐ Rep. Sample
Source Languages	
Search Languages	
Sentiment Coding	☐ Automated ☐ Manual ☐ Hybrid ☐ Manual Sampling: ______ ☐ 3-pt scale ☐ 5-pt scale ☐ Other scale ☐ At entity level ☐ Paragraph/doc level
Spam/Bot Filtering	☐ Automated ☐ Manual ☐ Hybrid ☐ Includes news releases ☐ Excludes releases
Metrics Calculation and Sources	
-- Reach	
-- Engagement	
-- Influence	
-- Opinion/Advocacy	
Proprietary Methods	
Search Parameters	See full search string list on page ___ of this report

2. Wirkungsstufen der Social Media Resonanz:
   a. Direkter quantitativer Effekt (*Reach & Impressions*): Reichweite, Abrufe
   b. Beziehung zum Nutzer hergestellt: *Engagement*
   c. Nutzer im Denken und/oder Handeln beeinflusst (*Influence & Relevance*)
   d. Positive Meinung erzeugt (*Opinion & Advocacy*)
   e. Nachhaltige Wirkung (Veränderung in individueller Einstellung oder kollektivem Reputationsempfinden) und/oder monetäre Wertschöpfung erzeugt (*Impact & Value*)

Die erste Wirkungsstufe von Social Media ist der direkt beobachtbare Effekt: die Anzahl der Nutzer, der Follower, Fans etc. Es gibt eine Fülle von unterschiedlichen Fachbegriffen (Auflage,

Reichweite, technische Reichweite, Häufigkeit, visits, visitors, followers, fans, views etc.). Der AMEC-Glossar hilft dabei, dass Kunden und Dienstleister dasselbe meinen[25].

Exakte und vollständige Angaben zu Reichweiten sind schwer zu beschaffen, erst recht, wenn es um weltweite Projekte geht. Bei der Angabe einer Reichweite sollte daher die Quelle der Daten angegeben werden, z. B. nur Reichweite eines Zeitraumes oder in einem Land. Weiter weisen Marklein und Paine darauf hin, dass Multiplikatoren bei der Berechnung von Reichweiten haltlos sind und nicht eingesetzt werden sollten.

Die zweite Wirkungsstufe geht einen Schritt weiter: Nicht die absolute Zahl der Aufrufe, sondern die Zahl derer, die aktiv wurden, wird als Engagement bezeichnet. Eine Beziehung ist hergestellt. Dabei kann es sich um spontane Reaktionen oder langfristige Veränderungen in Meinung, Einstellung oder Reputation handeln. Der Grad des Engagements kann klassifiziert werden als „gering", „mittel" und „hoch", z. B. „likes", Retweets und Facebook „Teilen".

Die dritte Wirkungsstufe für Social Media Resonanz geht wieder einen Schritt weiter: Nicht nur ein oberflächliches Engagement zählt, sondern der Einfluss, der auf das Individuum ausgeübt wurde. Nach Philip Sheldrakes Definition: „Einfluss ist, wenn ein Individuum etwas tut oder sagt, was es ohne unser Dazutun nicht getan hätte." Diese Veränderung muss nicht beobachtbar sein, sie kann auch nur im Kopf der Nutzer stattfinden. Daher ist für diese Wirkungsstufe bereits Meinungsforschung einzusetzen oder es sind detaillierte Inhaltsanalysen der Postings durchzuführen.

Die nächste Wirkungsstufe umfasst die positive Meinung, die zum Objekt geschaffen werden soll (Unternehmen, Event o. Ä.). Sie kann gemessen werden, indem von Tweets oder Postings die Meinung erfasst wird (z. B. „Es ist ein gutes Produkt"), indem Empfehlungen dokumentiert werden („Versuch doch mal dies!"), Emotionen aufgezeichnet werden oder beabsichtigtes Verhalten festgehalten wird. Dabei ist jeweils auf definierte Kodierung zu achten, d. h. es sollte Regeln mit Beispielen geben, die eine möglichst reliable und reproduzierbare Erfassung ermöglicht.

Das Fernziel der Erfassung und Bewertung von Social Media-Beiträgen ist meist, einen bleibenden Eindruck bzw. eine nachweisbare Veränderung in der Denkweise und Einschätzung des Users zu belegen. Im besten Falle kann der Wirkung ein monetärer Wertschöpfungsbeitrag zugeordnet werden. Das könnte zum Beispiel sein, wenn eine Versicherung unzufriedene Kunden im Social Web identifiziert, mit ihnen den Kontakt sucht und sie daran hindert, ihren Vertrag zu kündigen. Ein solches Beispiel präsentierte Don Bartholomew in Dublin. Durch diese Social Media Aktion sparte das Unternehmen die Akquisekosten für einen neuen Kunden.

Bei der Ermittlung von monetärem Gegenwert kann es nützlich und relevant sein, nicht zu versuchen, Effekte in Gewinne umzurechnen, sondern vielmehr durch das Aufzeigen von vermiedenen oder reduzierten Kosten einen monetären Wertschöpfungsbeitrag zu beziffern.

Diese Kriterien sind das erste Ergebnis der "Cross-Industry Collaboration", in der PR-, Marketing-, Media- und Social Media-Verbände zusammen an Standards für das Social Media Monitoring arbeiten. Erwartungsgemäß wird es aus dieser Richtung in den kommenden Jahren weitere Standardisierungen für die Social Media Analyse geben.

---

[25] http://amecorg.com/2012/06/glossary_plain_speaking/

Ein Beispiel für die Darstellung von Social Media-Wirkungen präsentierte Mike Daniels in Dublin. Es benutzt leider wiederum andere Phasenbezeichnungen, meint aber dieselbe Unterteilung in kurzfristige und langfristige Effekte. Zudem erweitert es die Darstellung um die Aufstellung der Aktivität, die die Wirkung verursacht hat.

Abbildung 32: „Valid Metrics Matrix" von Mike Daniels. Beispiel für Social Media Wirkungen, leicht bearbeitet.

	Awareness	Knowledge	Consideration	Preference	Action
INPUT Public Relations Activity	# assets created # blog posts # videos/podcasts # Facebook posts # Twitter posts # blogger events # bloggers briefed # community site posts and events Offline community events/speeches				
OUTPUT Intermediary Effect (Media, Bloggers, Influencers, etc.)	Owned media site visitors per day Earned media site visitors/day Social network channel visitors X:XX time spent on site/channel # video views % share of conversation Site's target reach by demographics Prominence	Site surveys and feedback forms Key message alignment Expressed knowledge & comprehension (Accuracy of facts)	# Facebook fans # Twitter followers # Retweets # Comments # Likes # Linkbacks	Expressed opinions Expressed recommendations Content of Retweets Content of Comments	
IMPACT & VALUE Target Audience Effect (Customers and Consumers)	Unaided awareness Aided awareness	Knowledge of product attributes and features Brand association & differentiation	Relevance (to themselves) Requests for information Event attendance Downloads	Attitude change Brand preference Stated intention RFPs/RFQs Product trials Advocacy	Membership Participation in Action Cost savings Cost reduction Leads/sales Revenue Market share

Bereits 2009 stellte Katie Paine eine Liste von Klassifikationen zur Kategorisierung von Inhalten aus sozialen Medien und von audiovisuellen Beiträgen vor:

Abbildung 33: Klassifikationen für Texte aus sozialen Medien (Katie Paine 2009)

Information	Aufruf zur Aktion	Eine Suche nach …
Werbung	Persönliche Information	Unterstützung suchend
Antwort	Medien verteilen	Mobilisierung von Menschen Betroffenheit zeigen
Frage	Zustimmung ausdrücken	
Vorheriges Posting erweitern	Kritik ausdrücken	Unterstützender Kommentar
Auf Kritik antworten	Unterstützung ausdrücken	Unterstützende Hilfe
Provokatives Statement machen	Überraschung ausdrücken	Umfrage starten
Witz	Motivieren	Eine Position untermauern
Vorschlag	Grüßen	
Beobachtung	Eine Meinung anbieten	

Abbildung 34: Klassifikationen für audiovisuelle Beiträge im Internet (Katie Paine 2009)

Werbung	(Betriebs)Anleitung
Animation	Interview
Demonstration	Schulung
Montage	Promotion-Video
Musikvideo	Sightseeing/Tour
Nachrichten-Verbreitung	Diashow
Event/Performance	Rede
Fiktion	Fernsehsendung
Film	Video Tagebuch
Home Video	

Je nach Themenfeld können natürlich eigene Kategorien gebildet werden. Für eine inhaltliche Analyse ist z. B. interessant, ob das Unternehmen[26] genannt wird, in welchem Zusammenhang (z. B. Hashtags[27]) es genannt wurde, mit welchen Adjektiven es beschrieben wird, ob Personen erwähnt werden oder Bilder zur Beschreibung zum Einsatz kommen. Einer quantitativen Analyse sollte eine eingehende Untersuchung vorausgehen, in der auf besondere Tendenzen geachtet wird. Diese werden dann anschließend quantitativ überprüft (z. B. wenn ein Vergleich öfter Erwähnung fand, fällt er beim „explorativen" Durchsehen der Texte auf und kann anschließend durch Zählen kontrolliert werden). Dieses Vorgehen entspricht dem wissenschaftlichem Vorgehen bei der Untersuchung neuer Zusammenhänge. Das Auszählen der Häufigkeiten kann schlicht mit Hilfe von Strichlisten geschehen oder es wird ähnlich wie bei der selbst erstellten Medienresonanzanalyse eine Datenbank im Tabellenkalkulationsprogramm angelegt[28].

Die Möglichkeiten und Angebote im interaktiven „Web 2.0" verändern sich sehr schnell, so dass regelmäßig nach neuen Möglichkeiten gesucht werden sollte. Dazu bietet sich das Verfolgen von etablierten Twitter-Aktivisten an, die am „Puls der Zeit" stehen, oder eine Internetsuche nach Begriffen wie „Twitter Tools" oder „Web Tipps". Bei www.talkabout.de gibt es unter „Twitter-Ranking" eine interessante Liste mit deutschen Twitterern aus Unternehmen und Redaktionen (Stand Juli 2012). Katie Paine gibt einen Newsletter zum Thema „PR-Measurement" heraus: den „Measurement Standard", der unter www.themeasurementstandard.com kostenlos gelesen werden kann. Darin sind die neuesten internationalen Tipps und Trends zum Thema Evaluation und Monitoring zu finden.

6.3.6 Fazit
Die Evaluation des Zielgruppendenkens ist dank der neuen Onlinemöglichkeiten viel einfacher geworden als noch vor fünf Jahren. Diese Chance kann von Unternehmen und Organisationen genutzt werden, um ihre Stakeholder besser kennen zu lernen und ihre Kommunikationsarbeit zielgruppengerechter auszurichten. Die Möglichkeiten und Angebote, Meinungen im Internet zu erfassen und zu analysieren, verändern sich ständig. Ein Buch für diesen Bereich ist wahrscheinlich schneller „veraltet" als es gedruckt ist. Daher der Tipp: Machen Sie sich schlau, was gerade an neuen Tools angeboten wird! Nutzen Sie diese für Ihre Zwecke, auch wenn sie vielleicht auf den ersten Blick nicht dafür geschaffen sind.

6.3.7 Literatur zum Kapitel
Blogbeiträge im Internet zum Thema „Social Media Monitoring und Analyse"

Besson, Nanette. Strategische PR-Evaluation. VS Verlag Wiesbaden 2. Auflage 2004. Kapitel 5.5 Evaluation von Wissen, Meinung, Einstellung (In 3. Auflage nicht enthalten!)

Früh, Werner. Inhaltsanalyse: Theorie und Praxis. UVK-Medien Konstanz 1998

Kirchhoff, Sabine und andere. Der Fragebogen. 4. Auflage VS Verlag Wiesbaden 2008

---

[26] Es wird in diesem Zusammenhang zur Vereinfachung nur von Unternehmen gesprochen, für Organisationen gelten diese Vorgehensweisen jedoch genauso.
[27] „Hashtags" sind Codes beim Kurznachrichtendienst Twitter, die die Bildung von Gruppen ermöglichen: Alle, die z.B. auf einer Veranstaltung, z.B. dem Kommunikationskongress, twittern, fügen ihren Tweets den Hashtag #kk12 hinzu, der vorher unter den Usern vereinbart oder vom Veranstalter als „Code" herausgegeben wurde. Damit kann die „Diskussion" auf Twitter einfach verfolgt werden, indem man eine Twittersuche nach #kk12 durchführt – und nicht immer die lange Bezeichnung nehmen muss.
[28] Anleitung dazu bei Besson 2012, „Medienresonanzanalyse DO-IT-YOURSELF"

Kuckartz, Udo und andere. Evaluation Online: Internetgestützte Befragung in der Praxis. VS Verlag Wiesbaden 2008

Kuckartz, Udo und andere. Qualitative Evaluation. VS Verlag Wiesbaden 2007

6.4 Evaluation der Zielerreichung

Nach der Erfassung und Bewertung der direkten und indirekten Effekte ist es abschließend an der Zeit, die Zielerreichung zu kontrollieren. Planung ist die halbe Miete – diese Feststellung wurde bereits im ersten Kapitel gemacht. Wenn Sie genau wissen, wo Sie hin wollen, dann ist es eine Leichtigkeit, festzustellen, ob Sie dort angekommen sind. Ziele zu definieren fällt in der PR-Praxis allerdings häufig schwer – zumindest messbare Ziele (ein *Kriterium* mit exaktem *Wert* zu einer bestimmten *Zeit*). Das oberste Ziel der Kommunikation sollte immer sein, der Organisation oder dem Unternehmen einen wertvollen Nutzen gebracht zu haben. Dieser wird durch nachhaltige, langfristige Effekte und Veränderungen untermauert. Diese wiederum werden durch die Effektivität und die Effizienz der Kommunikationsarbeit überhaupt erst ermöglicht.

6.4.1 Effektivität und Effizienz

Jede Kommunikationsarbeit möchte Effekte erzielen, direkte und merkliche Effekte. Dabei ist es immer erstrebenswert, die eingesetzten Ressourcen effizient einzusetzen. Daher gelten diese beiden Ziele für jede PR- und Öffentlichkeitsarbeit, egal ob für eine Nonprofit-Organisation oder ein Wirtschaftsunternehmen. Effektivität umreißt die Darstellung aller Faktoren aus Kapitel 6, Effizienz bedeutet die Gegenüberstellung der Ergebnisse aus den Kapiteln 4 und 5 mit denen aus Kapitel 6. Diese Darstellung kann mit Hilfe von Kennwertsystemen wie der Performance-Analyse geschehen (siehe Seite 21).

Effizienz bedeutet, dass kostensparend und optimal gearbeitet wird. Gemäß dem Managementansatz „Six Sigma" gibt es einen direkten Zusammenhang zwischen Fehlerreduktion in Prozessen und Steigerung des Wirtschaftserfolges eines Unternehmens: Es wird davon ausgegangen, dass eine Verbesserung des Sigma-Niveaus eines Unternehmens um 1 den Netto-Ertrag um 10 % steigert (vgl. Töpfer und Günther 2004, 12). Je höher der Sigma-Wert ist, desto geringer sind die Fehler, die pro Prozess auftreten. Wird dieser Ansatz auf die Kommunikation übertragen, so kann die PR völlig legitim eine Steigerung ihrer Prozessqualität als Wertbeitrag ausweisen.

6.4.2 Nachhaltige Veränderungen

Nachhaltigkeit ist ein Anspruch, der mit einem Grundwert verknüpft ist. Ein Ergebnis wird als besonders wertvoll betrachtet, wenn es nicht nur einen Moment lang gilt, sondern es die „Menschheit langfristig bereichert". Nachhaltigkeit als Ziel sichert die sinnvolle Investition in eine „bessere Zukunft". Dies sind hohe Ziele für z. B. schlicht gewinnmaximierend denkende Wirtschaftsunternehmen. In Zeiten allerdings, in denen die Produkte sich immer ähnlicher werden und die einzige Möglichkeit, sich von Mitbewerbern klar zu unterscheiden, darin besteht, sich als besonders „verantwortungsbewusst" darzustellen – in diesen Zeiten ist Nachhaltigkeit eines der wichtigsten Kriterien für Unternehmen und Organisationen.

Diese Kategorie der Zielerreichung hat nicht für jede Kommunikationsarbeit Relevanz. Sofern es jedoch ein Ziel ist, etwas nachhaltig zu verändern, sollten die Effekte intensiv unter diesem

Aspekt beleuchtet und dargestellt werden. Dies geschieht im Rahmen des Evaluationsberichts. Hervorzuheben sind langfristige Effekte, die mit und ohne Einwirkung durch die Unternehmenskommunikation bestehen bleiben. Effekte, die sich „verselbstständigen" sind in diesem Sinne besonders nachhaltige Erfolge (z. B. Aktionsgruppen).

6.4.3 Beziehungen

Es kann das Ziel von Organisationskommunikation sein, Beziehungen zu Stakeholdern aufzubauen. Diese Beziehungen zeichnen sich durch bestimmte Dimensionen aus: Nähe vs. Abstand, Vertrauen vs. Kontrolle, Austausch vs. Versorgung und Macht vs. Balance. Die PR-Wissenschaftler James Grunig und Linda Hon entwickelten 1999 einen Fragebogen, mit dem öffentliche Beziehungen erfasst werden sollten. Er umfasst 57 Fragen zu sechs Dimensionen:

- Wechselseitige Kontrolle (control mutuality): Die Machtverteilung in der Beziehung ist ausgeglichen oder wird zumindest beidseitig akzeptiert
- Vertrauen (trust): Vertrauensdimensionen sind die Integrität, Zuverlässigkeit und Kompetenz
- Zufriedenheit (satisfaction): Die Erwartungen, die in das Gegenüber gesetzt werden, werden erfüllt
- Engagement (commitment): Die Beziehung ist es für beide Parteien wert, sich einzubringen
- Austausch-Beziehung (exchange relationship): Die Beziehung basiert auf einem wechselseitigen Geben und Nehmen
- Versorgende Beziehung (communal relationship): Die Beziehung basiert auf einem selbstlosen, wohltätigen Grundverständnis, das nicht auf eine Gegenleistung wartet, sondern möchte, dass es dem Gegenüber gut geht.

Dieser Fragebogen ist im Kapitel 9.2 ins Deutsche übersetzt (siehe Seite 92). Es stellt natürlich nur eine Herangehensweise dar, die keinen Anspruch auf Vollständigkeit besitzt. Pragmatisch kann sich eine Organisation, deren Ziel das Herstellen von Beziehungen ist, zunächst selbst einen Kriterienkatalog erstellen. Kernfrage ist dabei: Wie sieht die perfekte Beziehung zwischen Unternehmen und Stakeholder aus? Je mehr Items Sie identifizieren, umso einfacher und exakter ist die Messung, wenn Sie anschließend Ihren Stakeholdern diese als Fragen vorlegen. Dabei ist jedem Item eine Ratingskala zur Bewertung hinzuzufügen, z. B. dreistufig (voll zutreffend, teilweise zutreffend, nicht zutreffend). Auf diese Weise können Sie einen eigenen Relationship Index errechnen.

Beispiel eines einfachen dreistufigen Ratings für Beziehungen zu Journalisten:

Würden Sie z.B. dem Journalisten vertrauliche Informationen geben, in der Gewissheit, dass Sie sich auf seine Verlässlichkeit und Integrität verlassen können (Stufe 1)?

Oder trauen Sie ihrem Gegenüber zumindest zu, dass er oder sie Informationen richtig recherchiert und versteht und kommuniziert (Stufe 2)?

Oder ist es einfach nur die Kenntnis der Kontaktdaten, die diese Beziehung ausmacht (Stufe 3)?

Wie viele Stakeholderbeziehungen konnten Sie letztes Jahr in diesem dreistufigen Rating aufbauen bzw. erhalten? Geben Sie jeder Stufe eine Punktzahl, summieren Sie diese auf und dividieren Sie die Zahl durch die Anzahl der Beziehungen. Schon haben Sie einen Beziehungsindex, der sowohl rückwirkend als Evaluation dient als auch eine Basis für Zielwerte für das kommende Jahr sein kann.

6.4.4 Verhalten

Verhalten von Stakeholdern als Ziel der Unternehmenskommunikation kann verschiedene Qualitäten haben:

- Direkte Zielgruppenresonanz: Sich zum Unternehmen „bekennen" (Fan, Follower werden)
- Teilnahme an Veranstaltungen
- Entscheidungen im Sinne des Unternehmens (z. B. Gesetzgebung, Regulation)
- Treue zum Unternehmen (geringe Fluktuation und niedriger Krankenstand)
- Aktive Unterstützung von Initiativen
- Unterlassung von Protestverhalten und öffentlicher Kritik
- Kauf von Produkten/Nutzung von Dienstleistungen
- Empfehlung von Produkten/Dienstleistungen

Verhaltensänderungen können als wertvoller betrachtet werden, je nachhaltiger sie eine Veränderung herbeiführen: Das kurze Klicken auf ein „Like" ist zum Beispiel nicht gleichzusetzen mit der langfristigen Unterstützung einer Nichtregierungsorganisation.

Das Verhalten ist zu beobachten und im Evaluationsbericht zu dokumentieren. Eine rein zahlenmäßige Darstellung würde der Nachhaltigkeit der Wirkung nicht gerecht werden. Der Wirkungszusammenhang zwischen Verhalten und Kommunikation ist zu kontrollieren.

Das Beobachten von Verkaufs- oder Kundenzahlen in Zusammenhang mit PR-Aktivitäten, Medienresonanz oder Kontakten ist ein sehr interessantes „Forschungsfeld". Es kann durchaus vorkommen, dass Korrelationen aufgedeckt werden. Diese dürfen jedoch nicht mit Kausalitäten verwechselt werden: Dass eine umfassende positive Berichterstattung sich positiv auf die Verkaufszahlen auswirken kann, ist unbestritten. Sie wird es jedoch nicht zwangsläufig tun. Sabrina Helm kommt in ihrer Habilitation zu dem Schluss, dass eine kausale Verknüpfung von Reputation und Unternehmenserfolg nicht angenommen werden kann (vgl. Helm 2007, 77f).

Wenn Kommunikation eine direkte Handlungsaufforderung enthielt (z. B. „Folgen Sie uns auf Twitter!" oder „Registrieren Sie sich und gewinnen!"), kann diese einfach evaluiert werden. So hat z. B. eine deutsche Fluglinie eine Aktion gestartet, um Follower auf Twitter zu generieren: Sie boten jedem neuen Follower einen 20 Euro Gutschein an. Der Erfolg einer solchen Aktion ist einfach zu verfolgen. Dabei ist jedoch letztlich entscheidend, ob die Follower auch langfristig die Tweets abonnieren oder ob sie direkt nach der Aktion wieder abspringen. Und es ist auch abzuwägen, ob dies die beste Art ist, das neue soziale Medium Twitter zu nutzen. Als erste Kontaktgewinnung ist die Aktion bestimmt hilfreich, aber für den Aufbau von Beziehungen ist mehr Engagement notwendig. Manches Unternehmen hat sich bereits peinlich positioniert, indem sie ihre Social Media Aktivitäten als „reine Informations- und Bespaßungskampagne" geoutet haben – und nicht bedacht hatten, dass in der sozialen Onlinewelt nicht Ein-Kanal-Information stattfindet, sondern Zwei-Kanal-Kommunikation. Die Macht der sozialen Onlinewelt ist nicht zu unterschätzen und der Umgang mit der Öffentlichkeit sollte gepflegt werden wie der persönliche Umgang mit Mitmenschen, und zwar mit Wertschätzung[29].

---

[29] Mirko Lange auf slideshare.net: "Was Wertschätzung mit Shitstorms zu tun hat."

Ein weiteres Beispiel ist der Einsatz von speziellen Links in Pressemitteilungen, mit denen auf eine Internetseite verwiesen wird, die sonst anders aufgerufen wird. Dadurch können die Zugriffe dieser Adresse direkt dem Erfolg der Pressemitteilung zugeschrieben werden. Dies hat z. B. eine Fluglinie in den USA dazu genutzt, spezielle Tickets zu verkaufen. Dankbar ist an dieser Methode, dass ein real erzeugter monetärer Wertbeitrag nachzuweisen ist. Die direkte Verkaufsförderung im Kleid der Pressemitteilung kann jedoch bei Journalisten eventuell einen schlechten Nachgeschmack hinterlassen. Bei solchen Verkaufsförderungsmaßnahmen verfließen die Grenzen zwischen Marketing und PR.

6.4.5 Reputation

Die Reputation ist ein komplexes und kollektives Konstrukt. Es stellt die Vorstellung darüber dar, was die Gesellschaft von einer Organisation oder einem Unternehmen denkt. Die Reputation wird in Wissenschaft und Praxis auf unterschiedliche, aber ähnliche Weisen instrumentalisiert. Drei aktuelle Herangehensweisen sind die Indikatoren von Sabrina Helm, von Diana Ingenhoff und vom Reputation Institute, das das Produkt „RepTrak" entwickelt hat, das Markenschutz genießt.

Abbildung 35: Indikatoren für Reputation bei Helm, RepTrak und Ingenhoff

Helm Indikatoren	RepTrak™ Indikatoren	Ingenhoff Indikatoren
Qualität der Produkte	Produkte und Leistungen	Qualität der Produkte & Dienstleistungen
Preis-Leistungs-Verhältnis der Produkte		
Zuverlässigkeit, Einhaltung von Kommunikationsversprechen		
Kundenorientierung		
Unternehmerischer Erfolg	Finanzielle Performance	Wirtschaftlicher Erfolg
Finanzielle Lage des Unternehmens		
	Innovation	Innovationsfähigkeit
		Nationale Bedeutung
Soziales Engagement	Soziale Verantwortung und Umweltbewusstsein (Citizenship)	Soziale Verantwortung
Nachhaltigkeit - Engagement für den Umweltschutz		Nachhaltigkeit
Mitarbeiterführung	Arbeitsplatz-Zufriedenheit (Workplace)	Mitarbeiterwohl
Managementqualität und -qualifikation	Führung (Leadership,Governance = ethisch korrektes Verhalten)	Managementqualität
		Führungspersönlichkeit
	„The Pulse": Wertschätzung, Vertrauen, Bewunderung, Gefühl	Sympathie & Faszination

Werden diese Indikatoren einander gegenübergestellt, so entsteht ein Set von 18 Reputationsfaktoren in drei Gruppen:

Abbildung 36: Reputationsdimensionen nach Helm, Ingenhoff und dem Reputation Institute (Besson 2008)

Funktional-kognitive Dimensionen:
1. Qualität der Produkte
2. Preis-Leistungs-Verhältnis der Produkte
3. Zuverlässigkeit, Einhaltung von Kommunikationsversprechen
4. Kundenorientierung
5. Unternehmerischer Erfolg
6. Finanzielle Lage des Unternehmens
7. Innovationsfähigkeit
8. Nationale Bedeutung

Soziale Dimensionen:
9. Soziales Engagement
10. Ethisch korrektes Verhalten
11. Nachhaltigkeit, Engagement für den Umweltschutz
12. Mitarbeiterführung
13. Managementqualität und -qualifikation
14. Führungspersönlichkeit

Affektiv-emotionale Dimension:
15. Sympathie
16. Faszination
17. Vertrauen
18. Wertschätzung

Diese Faktoren wären bei der Zielgruppe abzufragen, wenn die Reputation gemessen werden soll. In der Praxis wird dies meist nur über einen externen Dienstleister möglich sein, da eine solch komplexe Befragung nicht in den Alltag von Kommunikationsprofis passt. Reputationsfaktoren können aber auch in geschriebenen Äußerungen kontrolliert werden und so einen ersten Aufschluss über ihre Ausprägung bieten. Dazu kann z. B. die Medienresonanz nach Reputationsfaktoren untersucht werden, oder die gesammelten Meinungsäußerungen von Stakeholdern im Internet. Da sich die Reputation nicht kurzfristig ändert, reicht eine jährliche Erfassung und Analyse meist aus.

6.4.6   Wertbeitrag der Kommunikation

An diesem Punkt geben sich Evaluation und Kommunikations-Controlling die Hand. Die Verknüpfung von Kommunikationsleistung und unternehmerischem Erfolg schließt die Wirkungskette, die im Rahmen des Kommunikations-Controllings geknüpft wird (siehe Kapitel 7). Diese Wirkungskette ist individuell für jedes Unternehmen zu knüpfen, da je nach Ausrichtung des Geschäfts oder der Tätigkeiten die Kommunikation sehr unterschiedliche Ziele verfolgt.

Der Wertbeitrag der Kommunikation ist ein Punkt, der von Unternehmenscontrollern am liebsten in Eurobeträgen zu ermitteln wäre. Da Kommunikation allerdings viel komplexer funktioniert als die Produktion, ist der Wertbeitrag von Kommunikation kein einzelner Eurobetrag. Es gibt monetäre Bewertungsmöglichkeiten für Kommunikationsleistungen (siehe Kapitel 4.4.2): Werbeäquivalenzwerte, Effizienzberechnungen, sowie Kontaktkosten sind einige davon. Der Vergleich von Tausendkontaktpreisen zwischen PR und Marketing wird erstaunliche Effizienzqualitäten der Kommunikationsarbeit offenlegen. Eine monetäre Berechnung betrachtet jedoch immer nur einen kleinen Ausschnitt der Kommunikationsleistung.

Es gibt umfassende Studien zur Markenbewertung[30]. Diese versuchen einen monetären Wert für die Marke des Unternehmens zu ermitteln. Dabei ist jedoch kaum der Einzelbeitrag der Kommunikation zu ermitteln. Außerdem kommt jeder Dienstleister mit seinem System auf einen anderen Wert, so dass dieser nur als interner Vergleichsmaßstab genommen werden kann.

Die Ansätze zur Reputationsmessung wurden bereits dargestellt. Sie liefern inhaltliche Kriterien, sind nur intern zu vergleichen und natürlich ist ebenfalls kaum eine Einzelwirkung der Kommunikation auszumachen. Zu viele andere Faktoren spielen in diese komplexen Gebilde mit ein. Kennzahlensysteme zum Kommunikations-Controlling leben mit denselben Schwierigkeiten: der finanzielle Ausdruck von Kommunikationserfolg stößt schnell an seine Grenzen.

Eine monetäre Annäherung an eine Kommunikationsbewertung ist das Sparen von Geld durch höhere Effizienz und Prozessoptimierung. Im Rahmen des Managementansatzes „Six Sigma" wird die Prozessoptimierung um ein „Sigma" mit einer zehnprozentigen Steigerung des Netto-Ertrags eines Unternehmens gleichgesetzt. Ein Wertbeitrag kann also auch bedeuten, dass Geld gespart wurde, z. B. durch die Evaluierung und Prozessoptimierung.

Die falsche Verwendung des Begriffes „ROI" („return on investment") hat sich bereits in der PR-Branche eingeschlichen. Tom Watson und Ansgar Zerfaß deckten dies im European Communication Monitor[31] 2012 auf. Auf dem European Measurement Summit in Dublin 2012 appellier-

---

[30] Auf www.communicationcontrolling.de unter „Wertschöpfung" finden sich unterschiedlichste Bewertungssysteme
[31] Jährliche Studie: www.communicationmonitor.eu

ten ebenfalls die Evaluationsexperten aus USA und UK dafür, den ROI nur als finanzielle Originalkennzahl zu verwenden. Oft wird er als reine Erfolgskennzahl genutzt, ohne eine korrekte Herleitung: Return/Investment*100. Die Investition wird unterschiedlich hergleitet (mit/ohne PR-Fixkosten) oder gar nicht in Beziehung gesetzt. Korrekt verwendet stellt der ROI eine Prozentzahl dar.

Über die Verwendung des Begriffs „Value" herrscht noch keine Einigkeit. Don Bartholomew forderte in Dublin die reine Verwendung als Finanzkennzahl im Sinne von Verkaufszahlen, vermiedenen oder gesenkten Kosten, finanzieller Wert eines Kunden. Tim Marklein und Katie Paine hingegen definieren den „Value" als finanzielle oder nichtfinanzielle Kennzahl. Die Autorin schließt sich dieser Haltung an.

Ein Wertbeitrag muss nicht immer monetär sein. Oftmals handelt es sich um Verbreitungszahlen zu Bekanntheit, Beliebtheit, Glaubwürdigkeit, Vertrauen und anderen Werten. Die höchsten Werte sind meist diejenigen, die nicht mit Geld zu tun haben und nicht zu quantifizieren sind. Sympathie, Vertrauen und Glaubwürdigkeit sind solche Werte. Es gibt keinen einfachen Weg zur monetären Effektberechnung der Kommunikationsleistung. Zudem weisen die neuen sozialen Medien den Weg in die Richtung, dass Meinung für die Kommunikation viel wichtiger ist als Geldwerte. Und da Meinungen (meistens) nicht gekauft werden können, wird es für diese auch keinen Äquivalenzwert geben können. Der einzige Weg wäre, zu untersuchen, wie die Meinungsäußerungen von Multiplikatoren den Absatz eines Unternehmens oder die Spendenbereitschaft für eine Organisation beeinflusst haben. Dies wiederum kann nur durch kontinuierliche Beobachtung und umfassende Analysen geschehen.

Die PRSA[32] hat unter Mitwirkung von Evaluationsexperten aus den USA und UK den Wertbeitrag der Kommunikation definiert. Für die Bereiche Finanzen, Reputation, Internes und Politik beschreiben sie die Leistungen, die Kommunikation zum Unternehmenserfolg beitragen kann. Für diese Leistungen geben sie potenzielle Messverfahren an.

Abbildung 37: Der Wertbeitrag der Kommunikation (PRSA Standards, Oktober 2009)

Dimension	Kommunikationsleistungen	Messverfahren
Finanzen	• Umsatzsteigerung, Steigerung des Investorenengagements, Mitglieder- und Spendensammlung • Effizientere Stakeholderansprache: mehr Botschaften vermittelt für weniger Geld • Krisenvermeidung	• Kundenbefragungen, Marketingmix-Daten sammeln und analysieren (Statistik und Regression) • Kosten für verschiedene Kommunikationsinstrumente gegenüberstellen, Anteil der Zielgruppenerreichung vergleichen • Mit ähnlichen Krisen anderer und deren Auswirkungen vergleichen
Reputation / Marke	• Höhere Wahrscheinlichkeit des Kaufs • Kriseneffekte minimieren, Vertrauen aufbauen • Glaubwürdigkeit erhöhen, Marktzugang erleichtern • Ermöglicht höhere Preise, geringere Kosten, hohen Aktienkurs • Verstärkt Mund-zu-Mund-Propaganda und Empfehlungen • Verstärkt Kundenloyalität und -zufriedenheit • Erleichtert die Talentsuche und das Halten von hochqualifizierten Arbeitnehmern • Hält Prozess- und Anwaltskosten gering	• Reputationsvergleich/Benchmark Analyse (wiederholte Umfragen vor und nach Kampagnen) • Ergebnisse von Einstellungsumfragen mit Kundenbefragungen vergleichen • Konversation in sozialen und traditionellen Medien beobachten und analysieren • Meinungen der Analysten beobachten und in Zusammenhang mit Kursentwicklung analysieren • Meinungen der politischen Meinungsführer beobachten und in Zusammenhang mit Gesetzgebung und politischen Entscheidungen analysieren

---

[32] Public Relations Society of America

Mitarbeiter und andere interne Stakeholder	• Höhere Mitarbeiterzufriedenheit und höheres Engagement führen zu gesteigerter Effizienz, geringere Rekrutierungskosten und höhere Produktivität • Geringe Prozess- und Anwaltskosten • Mitarbeiterverhalten verbessert: höhere Sicherheit und Qualität • Transparenz nimmt zu • Identifikation mit und Bekenntnis zu Arbeit und Arbeitgeber • Kommunikationsplattform auch für schlechte Nachrichten	• Einsatz von Kontrollgruppen von Mitarbeitern, die keinen Zugang zur Unternehmenskommunikation hatten • Performance betrachten, nicht Meinungen • Korrelationen von kommunizierten Botschaften mit Mitarbeiterzufriedenheit und -verhalten und Kundenangaben zu Erfahrungen mit Mitarbeitern • Andere Messverfahren, z. B. Fokusgruppen, Interviews, Krankenstand, etc.
Politische Randbedingungen	• Öffentliche Wahrnehmung wird geschaffen, Verständnis und Unterstützung für Gesetzgebung, politische Entscheidungen und Kandidaten wird geschaffen • Beeinflusst Wählerverhalten • Unterstützt und beeinflusst die Gesetzgebung, Initiativen und Beschlüsse • Herbeigeführte Entscheidungen beeinflussen ganze Branchen und Industrien durch Steuern und Regeln • Kann Initiativen anregen und auf die politische Agenda bringen – oder auch von der Agenda herunterbringen	• Umfragen zu öffentlicher Meinung nutzen und wenn möglich mit Kommunikationsaktivitäten verknüpfen • Befragungen von Politikern und Entscheidern • Befragungen nach einer Wahl oder Entscheidung in Verbindung mit Kontakt zu Kommunikationsaktivitäten • Abstimmungsergebnisse

Dabei gilt immer: Es sind nicht alle Faktoren relevant für jede Organisation. Es sollte eine überschaubare Auswahl von werttreibenden Faktoren beobachtet werden, damit der Aufwand für die Evaluation in einem angemessenen Verhältnis zur Kommunikation steht.

6.4.7 Relativierung durch die allgemeine Situation

Public Relations agieren nie in einem luftleeren Raum, sondern immer im komplexen System der Organisation und der Gesellschaft mit erwarteten und unerwarteten Ereignissen. Diese Veränderungen beeinflussen die Wirkung von PR-Maßnahmen. Daher ist es für die spätere Ursachenforschung von erreichten oder ausgebliebenen PR-Effekten unerlässlich, externe und interne Einflussfaktoren zu beobachten und zur Gewichtung heranzuziehen.

Eine systematische Themenbeobachtung kann in Form eines Issues Monitorings stattfinden, wie z. B. Mark Eisenegger es vorschlägt (Eisenegger 2005). In seinem zweistufigen System werden zunächst Keymedien unsystematisch nach neuen Themen und Themenwandel untersucht. Anschließend identifiziert er auf der Basis einer systematischen Analyse die für das jeweilige Unternehmen relevanten Issues und leitet den eventuellen Handlungsbedarf ab.

Die Daten zur allgemeinen Situation werden in erster Linie qualitativ erhoben, durch detaillierte Deskription der Erscheinungen in natürlicher Umgebung, z. B. aktuelle politische und gesellschaftliche Themen. Zusätzlich sind quantitative Fakten zu ermitteln, um ein umfassendes Bild zu erhalten: z. B. Geschäftszahlen, Aktienkurse, Branchendaten. Die Wahl der zu beobachtenden Umweltfaktoren ist abhängig von der Art und dem Umfeld des Unternehmens oder der Organisation. Relevante Bezugsgruppen im direkten und erweiterten Umfeld sollten anhand objektiver Maßstäbe beobachtet werden.

Kategorien könnten sein:

Extern:	Intern:
Lieferanten	Geschäftsentwicklung
Kunden	Organisationsstrukturen
Mitglieder	Kommunikationsstrukturen
Banken	Mentalität
Verbände	Management
Vereine	Mitarbeiter
Gewerkschaften	Rentner
Nachbarschaft	Familien
Mitbewerber	Außendienst
Stellenmarkt	Partner
Branche	Träger
Medien	
Politik	
Wirtschaft	
Umwelt	
Gesellschaft	

Bei gravierenden Veränderungen inner- oder außerhalb der Organisation kann es erforderlich sein, den PR-Plan oder zumindest den Evaluationsplan anzupassen.

Durch die Beobachtung dieser nicht steuerbaren Einflussfaktoren kann die Wirkung von PR in einer Krisensituation bewertet werden: Die Krise ist objektiv anhand eines Störfalles oder Ähnlichem zu beobachten. Schafft es die PR, die Auswirkungen dieser Krise möglichst klein zu halten, ist die zu beobachtende PR-„Wirkung" gering, die PR-Aktion dagegen hoch oder intensiv. Die Gegenüberstellung der dokumentierten Krise und der durchgeführten PR-Aktion kann den Wert der PR bei einer verhinderten Krisen-Eskalation bestimmen helfen. Es gilt, einen Indikator für das Krisenpotenzial einer Situation zu finden und ihn mit der PR-Aktion und der PR-Wirkung (z. B. Ausbleiben negativer Berichte = hohe Anzahl objektiver Berichte) in Beziehung zu setzen. Möglichkeiten, Krisen zu evaluieren hat die Autorin in einer Weiterentwicklung der hier vorgestellten Performance-Analyse für Krisenevaluation im Dezember 2007 vorgestellt. Im Februar 2013 erscheint ein weiterer Sammelband mit einem Aufsatz zum Thema „Krisenevaluation in Zeiten von Social Media".

6.4.8 Fazit

Es gibt keinen einfachen Weg, den Erfolg und Wertbeitrag von Kommunikation darzustellen, da es keine einfache kausale Beziehung zwischen Ursache und Wirkung gibt bzw. diese nur sehr schwer nachzuweisen ist. Wenn aber kontinuierlich erfasst wird, was an Kommunikationsarbeit geleistet wird, wie die allgemeine Situation aussieht und welchen Effekt die Kommunikation hervorgebracht hat, dann können Hypothesen über einen Zusammenhang aufgestellt werden. Daher ist die Schlussfolgerung: Kein Nachweis eines Erfolgs und Wertbeitrags ohne kontinuierliche PR-Evaluation.

6.4.9 Literatur zum Kapitel
Six Sigma:
Rehbein, Rolf/Zafer Bülent Yurdakul. Mit Six Sigma zu Business Excellence. Publicis Corporate Publishing Erlangen 2003

Töpfer, Armin /Swen Günther. Steigerung des Unternehmenswertes durch Null-Fehler-Qualität als strategisches Ziel: Überblick und Einordnung der Beiträge. In: Töpfer (Hrsg.). Six Sigma. 2. Auflage Springer Verlag Berlin 2004

Reputation:
Helm, Sabrina. Unternehmensreputation und Stakeholder-Loyalität. DUV Verlag Wiesbaden 2007

PRSA Präsentation auf www.slideshare.net: „Documenting the Business Puntcomes of Public Relations" September 2009

Liehr, Kerstin und Peters und Zerfaß. Reputationsmessung: Grundlagen und Verfahren. Download unter www.communicationcontrolling.de und Dossiers.

Allgemeine Situation:
Brauer, Gernot. 99 mal PR - Checklisten für erfolgreiche Öffentlichkeitsarbeit. ECON Düsseldorf 1996

Eisenegger, Mark. Reputation in der Mediengesellschaft. Konstitution - Issues Monitoring - Issues Management. VS Verlag Wiesbaden 2005

Besson, Nanette. Mit strategischer Krisenevaluation zur besseren Krisenperformance. In: Nolting, Tobias /Ansgar Thießen (Hrsg.). Krisenmanagement in der Mediengesellschaft. Potenziale und Perspektiven in der Krisenkommunikation. VS Verlag für Sozialwissenschaften Wiesbaden 2008

Besson, Nanette. Strategische Krisenevaluation. In: PR Magazin. Rommerskirchen Remagen-Rolandseck, 38. Jg., Nr. 12 Dezember 2007.

6.5 Fazit zur Evaluation der Effekte
Die Effekte sind der eigentliche Erfolg der Kommunikationsarbeit. Sie sind zu beobachten oder zu erfragen. Die einfachste Erfolgskontrolle ist die Kontrolle der Zielerreichung – womit wieder die Qualität der Planung auf dem Prüfstand steht: Wurden vorher messbare Ziele definiert? Da dies in der Praxis oft vernachlässigt oder vergessen wird, sollten zunächst Erfahrungswerte dokumentiert werden, die anschließend als Basis zur Festlegung von Zielwerten genutzt werden können. Motto: Erst erfassen und analysieren, dann optimieren und steuern.

7 Kommunikations-Controlling – Steuerung von Kommunikation
Wenn der Prozess der Kommunikation eingehend untersucht wurde, dann ist das „Schiff" bereit, den Hafen zu verlassen und sicher gesteuert zu werden. Eine Steuerung funktioniert nur, wenn eine Wirkungskette zwischen dem auslösenden „Hebel", dem Steuerrad, und den Funktionen, z. B. dem Motor und dem Ruder, existiert. Gleichzeitig sind externe Faktoren wie Wind und Wetter und andere Schiffe auf dem Wasser zu berücksichtigen. Zum Navigieren werden Instrumente benötigt, die einen schnellen Überblick bieten und Informationen verdichten. Dann steht einer Steuerung im Sinne eines Kommunikations-Controllings nichts mehr im Wege.

Es ist immer zu bedenken, dass das „Schiff Kommunikation" nur ein Teil der „Flotte" des Unternehmens ist. Das oberste Ziel gibt das Mutterschiff vor. Wenn Kommunikation gesteuert werden soll, ist es meist aus der Situation heraus, dass die Flotte insgesamt in einem Steuerungssystem zusammengefasst wird, z. B. einer Balanced Scorecard. Es existiert also ein Kennzahlensystem für das gesamte Unternehmen. Die Kommunikation wird diesem System angeschlossen. Daher sind die Systeme sehr individuell und kaum übertragbar von einem Unternehmen auf das andere. In diesem Zusammenhang wird die generelle Vorgehensweise dargestellt und Beispiele angeführt, die Anregungen bei der Entwicklung eines eigenen Steuerungssystems für Kommunikation geben können.

7.1 Unternehmenssteuerung mit der Balanced Scorecard

Die 1992 von Kaplan und Norton vorgestellte „Balanced Scorecard" (BSC) ist ein Managementsystem, mit dem ein Unternehmen anhand von ausgewogen ausgewählten Kennzahlen gesteuert werden soll. Es werden Kennzahlen aus den Perspektiven Finanzen, Kunden, interner Prozesse und Mitarbeiter zusammengestellt, die aus jedem Unternehmensbereich kommen. So erhält jede Abteilung ihre eigene Scorecard, die sich zu einer Gesamt-BSC für das Unternehmen zusammenfügen lässt.

Abbildung 38: Die Balanced Scorecard von Kaplan und Norton (1992)

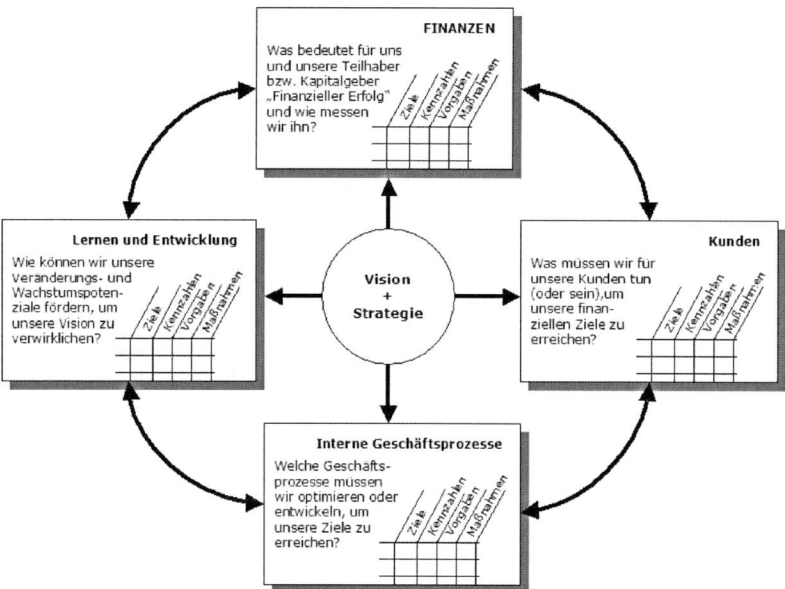

Die vier Perspektiven der BSC werden zur praktischen Umsetzung in einer „strategischen Landkarte" (Strategy Map) in Beziehung zueinander gesetzt. Die Basis bilden die Mitarbeiter mit dem Lern- und Innovationspotenzial. Es folgt die Ebene der Prozesse. Die Kundenperspektive schließt sich den Prozessen an und wird gefolgt von den obersten Zielen der Finanzperspektive.

Abbildung 39: Beispiel einer Strategy Map von Kaplan und Norton (2004)

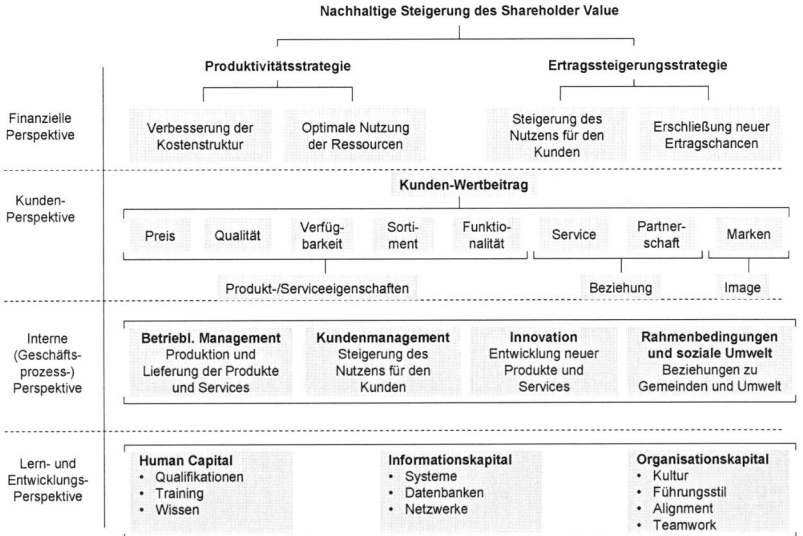

Dieses Zielsystem fasst die Strategie des Unternehmens zusammen. Es muss daher für jedes Unternehmen individuell entwickelt werden. Von dieser strategischen Landkarte ausgehend werden für jede Perspektive Werttreiberketten (Value Links) erstellt, die das oberste Ziel kausal mit Unterzielen verknüpfen und so die Steuerung ermöglichen. Die Werttreiberketten bilden den „Werttreiberbaum", die Strategy Map. Die Unterziele (Key Performance Indicators) sind Indikatoren für eine Wirkung. Für diese Wirkung werden Kennzahlen gesucht, die Informationen aus verschiedenen einzelnen Messwerten zusammenfassen. Für jede Kennzahl gilt es, eine Messgröße und einen Soll- und einen Istwert festzulegen. Die Messgrößen stellen die Einheiten dar, in denen gemessen wird. Sie legen implizit die Art der Datenerhebung und -analyse fest. Diese wiederum wird von den geplanten Maßnahmen bestimmt.

Jede Abteilung in einem Unternehmen entwickelt seine eigene Scorecard mit Kennzahlen in den vier Perspektiven. Alle Informationen (von Maßnahmen über Zielwerte bis hin zu den obersten Zielen) fließen in ein umfangreiches System von Zahlen und Werten zusammen. Das Set von Kennzahlen sollte dabei trotzdem überschaubar bleiben. Der wichtigste Punkt in diesen Kennzahlensystemen ist die argumentative Kette der Wirkungsmechanismen. Die Verdichtung der Einzelwerte zu Kennzahlen stellt außerdem einen Schlüsselpunkt bei der Bewertung der Gesamtleistung dar. Bei dieser Verdichtung ist darauf zu achten, dass eventuelle Gewichtungen nachvollziehbar und begründet vorgenommen werden und dass die eingesetzte Bewertungsskala keine falsche Objektivität suggeriert. Außerdem sollte das Kennzahlensystem regelmäßig überprüft und optimiert werden, damit es veränderten Bedingungen angepasst werden kann.

An diesem Punkt schließt sich der Kreis: Das Controlling beginnt bei der Planung, der Festlegung der Ziele und Maßnahmen. Die Erfolgskontrolle hält anschließend den Soll-Ist-Vergleich fest. Dabei wird deutlich, dass Controlling den gesamten Prozess des Managements steuert, von der Planung über die Durchführung bis zur Erfolgskontrolle. Das Herunterbrechen der Unternehmensziele in Bereichsziele und damit verbundene Maßnahmen zur Zielerreichung wird „Top-Down"-Verfahren genannt, da es von oben nach unten verläuft.

7.2 Entwicklung eines Steuerungssystems für Kommunikation

Die Forderung oder der Wunsch nach einem Steuerungssystem für die Kommunikation wird in der Praxis eher in großen Unternehmen aufkommen als in kleinen Unternehmen oder Nonprofitorganisationen. Generell ist eine systematische Steuerung von Kommunikation immer anzustreben, damit keine Ressourcen verschwendet werden. Die Entwicklung eines Controllingsystems nimmt jedoch einige Zeit in Anspruch und bindet selbst Ressourcen, so dass es eine Abwägung von Investition und Ertrag ist, die entscheidet, ob ein professionelles Kommunikations-Controlling angemessen ist.

Wenn die Entscheidung für die Entwicklung einer systematischen Steuerung von Kommunikation gefallen ist, wird zunächst eine Bestandsaufnahme und Evaluation notwendig sein, um sich einen Überblick über die Situation machen zu können (darauf wurde bereits hingewiesen). Nun gilt es, möglichst lückenlose Wirkungsketten aufzustellen, die den direkten Effekt der Kommunikationsarbeit mit den indirekten und nachhaltigen Wirkungen und dem langfristigen Unternehmensziel in Verbindung bringen. Diese „Value Links" bilden „Ketten" bzw. einen „Baum" von Werttreibern: Die Spitze des Baums ist das Unternehmensziel und der Stamm ist das „Kapital", die Mitarbeiter und das Innovationspotenzial.

Werttreiberbäume für die Unternehmens- bzw. Organisationskommunikation werden individuell konzipiert. Die Balanced Scorecard ist nur ein Ansatz, eine Werttreiberverkettung aufzubauen. Die PRSA hat in ihrem Vorschlag zu Verkettung von PR-Effekten und Unternehmenserfolg die Dimensionen Finanzen, Reputation/Marke, Internes und politische Randbedingungen gewählt. Je nach Kommunikationsprogramm wird eine unterschiedliche Auswahl dieser Faktoren von der Kommunikation „bedient" (siehe Abbildung 37). Für diese Faktoren ist ein Werttreiberbaum aufzustellen.

Abbildung 40: Beispiel für eine Werttreiberverkettung

Dimension	Kommunikationsleistungen	Messeinheit	Messverfahren	SOLL	IST	Kommunikationsaktivität
Finanzen	Gewinnsteigerung durch Effizienzsteigerung, Umsatzsteigerung, Nonprofit: Spenden Investor Relations: Steigerung des Investorenengagements	finanzieller durchschnittlicher Kundenwert, ROI = Return on Investment, Gewinn, Umsatz, Spenden, Aktienbewegungen und -empfehlungen	Schaffung von Beziehungen zu neuen Kunden: Kundenbefragungen, Marketingmix-Daten sammeln und analysieren (Statistik und Regression) Effizienzsteigerung: Aufzeigen von genutzten Einsparpotentialen und vermiedenen Kosten, Nachweisbare Verkaufsunterstützung aufzeigen, Geschäftszahlen			Kontinuierliche Evaluation der Abteilung Unternehmenskommunikation zur Prozessoptimierung (Interne Kommunikation, Umstrukturierung), Produktbezogene Unternehmenskommunikation (Pressearbeit, Social Media Aktivitäten)
Reputation / Marke	Höhere Wahrscheinlichkeit des Kaufs bzw. Beitritts Glaubwürdigkeit erhöhen, Marktzugang erleichtern Mitarbeiter- und Kundenloyalität und -zufriedenheit erhöhen	Mitarbeiter- und Kundenbeziehung messen, Reputationsmessung	Studien, Meinungsforschung, Benchmarking			Gesamte Unternehmenskommunikation
Politische Randbedingungen	Beeinflussung von Gesetzgebung, Initiativen und Beschlüssen	Politische Agenda und Entscheidungen	Befragungen von Politikern und Entscheidern Abstimmungsergebnisse beobachten			Public Affairs

Mitarbeiter und andere interne Stakeholder	Höhere Mitarbeiterzufriedenheit und höheres Engagement führen zu gesteigerter Effizienz, geringere Rekrutierungskosten und höhere Produktivität Geringe Prozess- und Anwaltskosten	Zufriedenheit mit Arbeitsplatz Arbeitszeiten Engagement/Aktivitäten über Pflichtarbeit hinaus Zeit für Rekrutierung von Arbeitnehmern Anwalts- und Prozesskosten Kosteneffizienz in Prozessen	Mitarbeiterumfragen, Human Relations Kennzahlen (Fluktuation, Krankenstand)			Interne Kommunikation

Wenn sich das unternehmensinterne Kennzahlensystem an der Balanced Scorecard (BSC) orientiert, muss die Kommunikation sich auch dort anschließen. Dann beginnen Sie mit der Perspektive der Mitarbeiter und Innovationskraft. Die Prozesserfassung schließt sich an. Es folgt eine Ebene der Stakeholder, die die klassische Kundenperspektive erweitert, da in der Kommunikation nicht nur die Kunden relevante Gesprächspartner sind, sondern auch z. B. Nichtkunden, Gegner und Meinungsführer. Als oberstes Ziel schließt sich die Ebene der Unternehmensziele an und bildet die Strategy Map für Kommunikation.

Abbildung 41: Entwurf eines BSC-Steuerungssystems für Kommunikation

Für jede Perspektive wird ein Set von Kennzahlen aufgestellt, die speziell von der Kommunikationsabteilung zu beeinflussen sind. Ein Beispiel für eine Abteilung für Presse- und Öffentlichkeitsarbeit:

Abbildung 42: Beispiel für eine Werttreiberverkettung nach der BSC

Perspektive	Kommunikationsleistung	Messgröße/Einheit	Messinstrument	SOLL	IST	Kommunikationsinstrument
I. Mitarbeiter und Innovationskraft	Motivierte Mitarbeiter	Zufriedenheit mit Arbeitsplatz und Arbeitspensum	Mitarbeiterbefragung			Intranet Mitarbeiterzeitung
	Attraktivität als Arbeitgeber	Identifikation mit Unternehmen	Mitarbeiterbefragung			
II. Prozesse	Interne Prozesse fehlerfrei	Maßnahmenplan kontrollieren	Prozessevaluation, Abteilungsbesprechung			Interne Kommunikation
		Zeiterfassung Budgeteinhaltung Personalverfügbarkeit Technikverfügbarkeit	Zeiterfassungssystem, Personalverwaltung, Budgetverwaltung, Abteilungsbesprechung			
III. Stakeholder-Perspektive	Wissen um Unternehmen steigern	Bekanntheit in Prozent	Stakeholderumfrage			Pressearbeit Sommerfest
	Positives Image	Innovativ, international, modern, freundlich	Inhaltsanalyse Medien und Social Media			Corporate Website und Blog inkl. Twitteraccount Kunden-Event
	Einstellung mit Verhalten initiieren	Keine Proteste, Handlungsfreiheit schaffen	Beobachtung des Umfelds			
IV. Unternehmens- bzw. Organisationsziel	Gute Beziehungen zu Stakeholdern aufbauen und pflegen	Zahl und Intensität der Kontakte	Kontakte erfassen			Kontinuierliche, beidseitige Kommunikation pflegen
	Reputation stärken	Sozial verantwortlich, wirtschaftlich erfolgreich	Inhaltsanalyse Medien und Social Media			Unternehmensverhalten aktiv kommunizieren
	Wirtschaftlicher Erfolg	ROI, Umsatz, Aktienkurs	Kostenreduktion, Kostenvermeidung, potenzielle Kunden akquirieren (finanzieller durchschnittlicher Kundenwert)			Gesamte Unternehmenskommunikation

Die einzelnen Kennzahlen werden in ihrer eigenen Einheit erhoben. Daraus folgt, dass es eine Mischung von verschiedensten Einheiten bei der Verdichtung der operativen Kennzahlen der unteren Ebene zur strategischen Topkennzahl gibt. Durch einen prozentualen Soll-Ist-Vergleich wird die Bewertung der unterschiedlichen Einheiten ermöglicht.

Je nach individueller Situation kann es möglich sein, dass für die einzelnen Ebenen auch finanzielle Kennzahlen zu ermitteln sind. Dabei ist jedoch auf die Sinnhaftigkeit und Vergleichbarkeit der Daten zu achten (z. B. nicht mit anderen Unternehmen vergleichen, die ein anderes Markenbewertungssystem einsetzen). Die Diskussion um die falsche Verwendung des ROI wurde bereits im Kapitel 6.4.6 erörtert. Das wirtschaftliche Fernziel des Unternehmens ist am sinnvollsten in finanziellen Angaben zur Kostenreduktion und Effizienzsteigerung auszudrücken (durch sinnvolle Planung und Steuerung werden keine Ressourcen verschwendet). Die neu akquirierten Kontakte, die in den Bereich der potenziellen Kunden fallen, können mit einem durchschnittlichen „Kundenwert" in die Berechnung einfließen. Eine Versicherung in den USA hat z. B. durch Social Media Aktivitäten unzufriedene Kunden aufgespürt und sie durch Kontaktaufnahme dazu bewogen, ihre Verträge nicht zu kündigen. Diesen Erfolg konnte die Versicherung dann mit dem Gegenwert der durchschnittlichen Akquisekosten für einen Kunden berechnen[33].

---

[33] Don Bartholomew auf dem AMEC Measurement Summit in Dublin 2012

Wenn die Umrechnung von Kommunikationserfolgen in Geldwerte keinen Sinn macht, erscheint die Vereinheitlichung durch prozentuale Zielerreichung empfehlenswerter. Dem Grad der Zielerreichung können z. B. Ampelkennzeichen zugewiesen werden. Auf diese Weise ist ein plakatives Ampelsystem zur Kommunikationsbewertung zu erstellen.

Eine unterschiedliche Gewichtung von Einzelkennzahlen sollte in diesem Zusammenhang gut überlegt werden. Eine Gewichtung macht nur Sinn, wenn sie argumentativ hinterlegt, transparent und nachvollziehbar bleibt. Bei der Betrachtung der Einzelkennzahlen ist eine potenzielle Gewichtung immer im Zusammenhang zum gesamten System zu entscheiden.

7.3 Fallbeispiele

Das Vorgehen des Kommunikations-Controllings wird seit 2004 praktiziert. Es gibt wenige veröffentlichte Fallbeispiele, die die Wirkungsketten detailliert offen legen, da es sich immer um sensible Unternehmensdaten handelt. Einige frühe Fallbeispiele, die teilweise recht kreative Ableitungen von Kommunikationskennzahlen beinhielten, sind mittlerweile auch wieder offline. Unter www.communicationcontrolling.de finden sich Beispiele im Untermenü „Fallstudien".

7.3.1 GTZ

Ein Projekt zur Entwicklung eines zielorientierten Steuerungssystems für die Deutsche Gesellschaft für technische Zusammenarbeit (GTZ), eine Durchführungsorganisation des Bundesministeriums für wirtschaftliche Zusammenarbeit, veröffentlichte die Agentur Lautenbach Sass 2009[34]. Die Aufgabenstellung stellen sie wie folgt dar:

„Die GTZ wollte ein anschauliches und verständliches Zielsystem für Unternehmenskommunikation entwickeln und den Wertbeitrag der Kommunikation sichtbarer machen. Ausgangspunkte des Projekts waren die längerfristigen Unternehmensziele sowie weitere jahresbezogene Ziele. Die Kommunikationsstrategie wurde mit dem innovativen Instrument des „Zielbaums" an die Unternehmensstrategie angeschlossen und im Dialog mit den Mitarbeitern der operativen Kommunikationsabteilungen weiter differenziert" (Bansbach, Hutter und Lautenbach 2009).

Abbildung 43: Das Vorgehen bei der Entwicklung des GTZ-Zielbaums (Bansbach, Hutter und Lautenbach 2009)

---

[34] Zu finden unter communicationcontrolling.de unter Fallbeispiele (Juli 2012)

In Workshops und Gesprächen entwickelten die Agentur und die GTZ ein Zielbaum-Poster mit den beeindruckenden Maßen von 1,20 * 1,80 Meter. Auf diesem Poster stellten sie die gesamten Wirkungszusammenhänge (Wertbeitrag) inklusiv der Maßnahmen und Ziele (Wirkungs-, Wahrnehmungs- und Leistungsziele) zusammen. Dies diente dann international „als Grundlage für die Strategievermittlung in allen GTZ-Büros weltweit".

Abbildung 44: Der GTZ-Zielbaums (Bansbach, Hutter und Lautenbach 2009)

„Ein Leistungsziel des Presseteams ist es beispielsweise, die Medienpräsenz zu Kooperationen zu erhöhen; die interne Kommunikation vermittelt den Nutzen von Kooperationen für die GTZ in den internen Medien; der Sprachendienst intensiviert den Austausch mit anderen Sprachendiensten von Institutionen im Bereich Entwicklungszusammenarbeit. ... Das Fundament des Zielbaums sind die qualitativen Jahresziele der Unternehmenskommunikation" (Bansbach, Hutter und Lautenbach 2009).

Interessant an diesem System ist die qualitative Ausrichtung der Ziele. Es wurden nicht um jeden Preis monetäre Verknüpfungen zum Unternehmenserfolg gesucht – teilweise wohl resultierend daraus, dass es sich um eine öffentliche Institution handelt, die nicht in erster Linie nach Gewinn strebt. Trotzdem geht es natürlich um die Vermeidung der Verschwendung von Steuergeldern und das effiziente Wirtschaften mit selbst akquirierten Mitteln.

7.3.2 FESTO
Ein weiteres Fallbeispiel stellt die Entwicklung einer Balanced Scorecard für die FESTO-Unternehmensleitung dar, ein Unternehmen für Automatisierungslösungen von Prozess- und Fabrikautomation. In diesem Fall sollte die Kommunikation an das Gesamt-Kennzahlensystem des Unternehmens angeschlossen werden. Von den generellen strategischen Zielen wurden die her-

ausgearbeitet, die von der Kommunikation unterstützt werden. Auf der Basis einer detaillierten Kommunikationsanalyse wurden Kommunikationsziele definiert, die in der Kommunikationsstrategie in einen Maßnahmenplan heruntergebrochen wurden. Es wurde damit die gesamte Kommunikationsplanung neu durchdacht. Dieses Kennzahlensystem zur strategischen Steuerung der Kommunikation entstand auf der Basis des Verständnisses, dass zunächst Wissen (Bekanntheit) und dann Einstellung (inkl. Verhalten) beeinflusst werden. Dieses Verhalten schlage sich schließlich in betriebswirtschaftlichen monetären Kennzahlen nieder. So ist z. B. die Präferenz von FESTO als Arbeitgeber ein Indikator für erfolgreiche Kommunikation mit potenziellen neuen Arbeitnehmern. Diese wird durch die Zahl der betreuten Diplomarbeitern, Teilnahme an Hochschul-Aktionen und anderen Faktoren dargestellt, für die Soll- und Ist-Werte festgeschrieben werden. Um diese Zielwerte zu erreichen, werden konkrete Maßnahmen geplant.

Abbildung 45: Wertschöpfungskette Kommunikation für den Arbeitsmarkt (FESTO 2009)

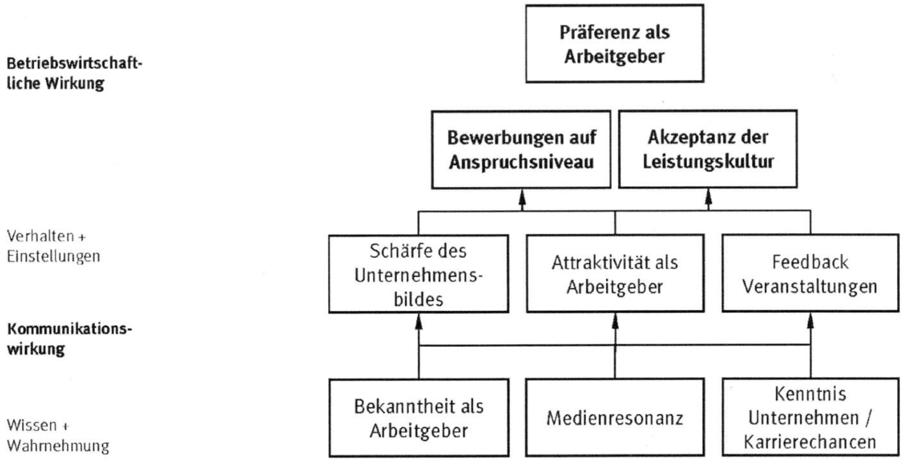

Abbildung 46: Kommunikationsmessgrößen für den Arbeitsmarkt (FESTO 2009)

Top-BSC-Ziel	Weltweite Positionierung von Festo als attraktiver und leistungsorientierter Arbeitgeber
Sub-BSC-Ziele mit Kommunikationsrelevanz	• Position von Festo als attraktiver Arbeitgeber intern und extern weltweit ausbauen
Unterstützende Aktionen mit Kommunikationsrelevanz	• Keine speziellen Aktionen erkennbar
Key Measures für Kommunikation (Betriebswirtschaftliche Wirkung)	• **Präferenz als Arbeitgeber** • **Akzeptanz der Leistungskultur** • **Attraktivität als Arbeitgeber** • **Schärfe des Unternehmensbilds** • **Bewerbungen auf Anspruchsniveau**
Weitere Messgrößen für Kommunikationswirkung (Einstellungen, Verhalten, Wissen, Wahrnehmung)	• Betreute Diplomarbeiten • Bekanntheit als Arbeitgeber (bei High Potentials) • Teilnahme an Hochschul-Aktionen • Kenntnis von Unternehmensprofil und -zielen • Kenntnis der Entwicklungsmöglichkeiten bei Festo • Medienresonanzdaten

Abbildung 47: Umsetzung in Kennzahlen und Maßnahmen (Festo 2009)

Top-BSC-Ziele	Kommunikationsziele	Key Measures	Soll	Ist	Frühindikatoren	Soll	Ist	Leitmaßnahmen Kommunikation
Weltweite Positionierung von Festo als attraktiver und leistungsorientierter Arbeitgeber	• Festo weltweit als attraktiven und leistungsorientierten Arbeitgeber für alle Mitarbeiter und qualifizierten potenziellen Mitarbeiter positionieren • Bei der Bindung von Leistungsträgern an Festo unterstützen • Unternehmensspezifische Leistungskultur intern vermitteln • Bekanntheit auf dem Arbeitsmarkt erhöhen • Unternehmensbild auf dem Arbeitsmarkt schärfen • Bei der Gewinnung von High Potentials unterstützen	**Mitarbeiter:** • Index Mitarbeiterzufriedenheit mit Festo als Arbeitgeber • Attraktivitäts-Index (aus Mitarbeiterbefragung) • Index Akzeptanz Leistungskultur **Arbeitsmarkt:** • Präferenz als Arbeitgeber • Attraktivität als Arbeitgeber • Schärfe des Unternehmensbilds • Bewerbungen auf Anspruchsniveau			**Mitarbeiter:** • Verständnis für den Zusammenhang eigener Leistungsbereitschaft und attraktivem Arbeitsplatz • Kenntnis von Belohnungsmechanismen für Leistung • Kenntnis von Beispielen und Möglichkeiten für Leistungsorientierung • Kenntnis und Bestätigung relevanter Arbeitgebervorteile **Arbeitsmarkt:** • Betreute Diplomarbeiten • Bekanntheit als Arbeitgeber (bei High Potentials) • Teilnahme an Hochschul-Aktionen • Kenntnis von Unternehmensprofil und -zielen • Kenntnis der Entwicklungsmöglichkeiten bei Festo • Medienresonanzdaten			• High Potential-Club „Community of Excellence" • Weltweite Beteiligung am Wettbewerb „Great Places to Work"

Den internen Aufwand für dieses Projekt beziffert FESTO mit 120 Manntagen. Vor allem der Anfangsaufwand ist bei der Verknüpfung von PR-Planung mit BSC-Zielen höher als bei der reinen PR-Planung. Dieser hohe Aufwand zahle sich jedoch durch die Ergebnisse und Möglichkeiten durch strategisches Kommunikations-Controlling wieder aus.

7.4 Dashboards und Scores

Andere veröffentlichte Beispiele gehen gerade bei den interessanten Fragen – wie die übergeordnete Ziele heruntergebrochen werden und wie der Soll-Ist-Vergleich angestellt wird – nicht ins Detail, sondern stellen nur das Ergebnis in attraktiven „Dashboards" dar. Dashboards werden seit 2004 im Kommunikationsbereich lebhaft entwickelt, von Dienstleistern verkauft und von Unternehmen eingesetzt. Sie reduzieren die Wirkungen und Zusammenhänge auf wenige Kennzahlen oder Kategorien und bieten dafür einfache, plakative Ampelbewertungen. Dabei hängt es stark von der Entwicklung, sowie den Herleitungsregeln dieser Bewertungen ab, ob sie dem Kommunikator eine sinnvolle und gerechte Bewertung und einen Hinweis auf Verbesserungspotential bieten.

Richard Bagnall und Philip Sheldrake, zwei amerikanische PR-Evaluationsexperten, kritisierten auf dem Measurement Summit in Dublin 2012 die beliebte Simplifizierung von komplexen Phänomenen. Die Dashboard-Darstellung von Kommunikationseffekten und die Bildung von Einflusskennzahlen im Internet (z. B. KLOUT-Score) sei eine nicht legitime Vereinfachung: "For every complex problem there is an answer that is clear, simple, and wrong." Zitat: H.L. Mencken. Sheldrake setzt sich dafür ein, nicht der Versuchung zu verfallen, komplexe Phänomene wie „Einfluss" in einfachen Kennzahlen ausdrücken zu wollen. Ein KLOUT-Score sei kein Einflussfaktor. Er könne als Indikator dafür gelten, mit welcher Wahrscheinlichkeit eine Information einer Person online weiter verbreitet wird, nicht mehr und nicht weniger.

Abbildung 48: Beispiel für eine Kennzahlendarstellung als "Cockpit"

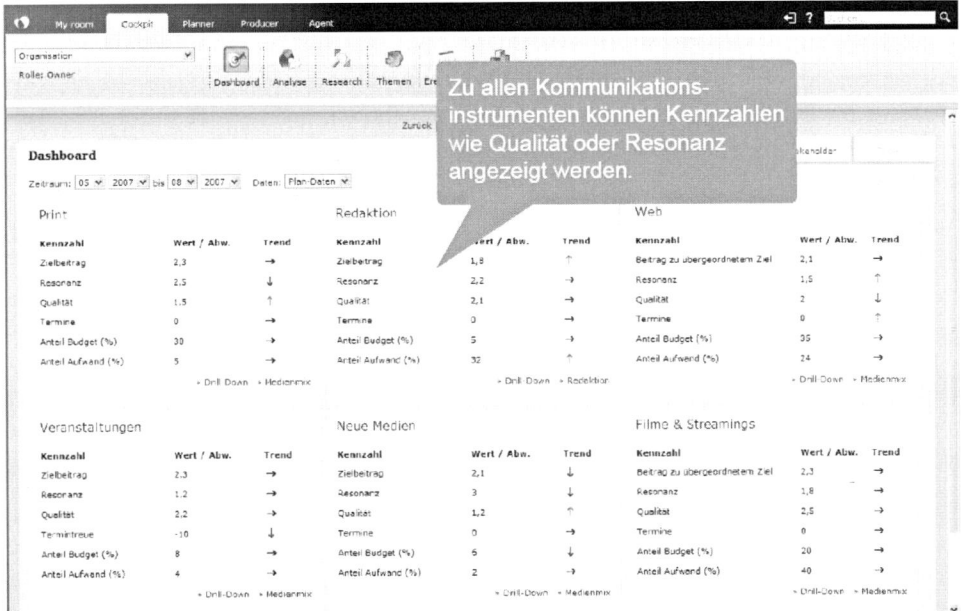

7.5 Fazit zum Kommunikations-Controlling

Kommunikations-Controlling macht sicher Sinn. Es steigert die Anerkennung der Unternehmenskommunikation in den Augen der CEOs und Geschäftsführer, wenn die Kommunikation „Accountability" nachweist und nicht mehr nur als kreatives Niemandsland, das einen in die Zeitung bringt, angesehen wird. Die Frage ist, wie das Steuerungssystem entwickelt wird und wie es umgesetzt wird. Nachdem ab 2004 eine große Welle der Publizität und Vermarktung der neuen Controllingkonzepte in Deutschland (wohlgemerkt nur in Deutschland) stattfand, ist es ruhiger geworden. Selbst die veröffentlichten Fallbeispiele und die Preisträger der deutschen Wettbewerbe (z. B. PR Report Awards) sind eher evaluationsorientiert als große strategische Steuerungssysteme. Manch ein Kommunikationschef hat sechsstellige Beträge in Dienstleister und Forschungsinstitute investiert, in der Hoffnung, das „Ei des Kolumbus" zu finden und *die Kennzahlen* zu ermitteln, die seinen Erfolg am besten dokumentieren. Manch ein Agenturchef hatte großspurig davon geredet, dass die Installation von solchen Controllingsystemen keine Frage von Geld sein würde, wenn das Projekt erst mal Chefsache sei. Sie hatten an einem Tisch mit Vertrieb, Marketing, Entwicklung und Produktion hemdsärmelig den Kuchen des Unternehmenserfolgs geteilt – ohne auf die Steuerbarkeit und Kausalität der Wirkungen zu achten.

Während der Finanzkrise wurde es erstaunlich still um das Kommunikations-Controlling und seine Fallbeispiele. Misserfolge werden nicht dokumentiert und erst recht nicht veröffentlicht. Zwischen den Zeilen hört man Hinweise wie „Wenn der Zielbezug da ist, bin ich bei der Definition der Kriterien für die Erfolgsmessung heute viel pragmatischer, als ich es früher war." Es ist nicht einfach für Kommunikation direkt kausale Wirkungsketten bis hin zum Umsatz des Unternehmens zu stricken.

Es gibt eine kleine, aktive (deutschsprachige) Gemeinde von Kommunikations-Controlling-Verfechtern, die sich regelmäßig treffen und das Thema weiterentwickeln. Es bleibt ein deutsches Phänomen, das gerade bis nach Österreich und in die Schweiz reicht. Im internationalen Kontext hat sich das Thema Kommunikations-Controlling nicht durchsetzen können, auch wenn Vorreiter wie Prof. Ansgar Zerfaß und Prof. Christopher Storck sich auch auf dieser Bühne Gehör verschaffen. Diese kleine Community baute den Kontakt zu „echten" Controllern auf. Sie suchen nach Wegen, deren Anforderungen nach finanziellen Kennzahlen gerecht zu werden.

Es tut der Branche sicherlich gut, wenn das Thema weiter getrieben wird. Auch wenn der flächendeckende Einsatz von professionellen strategischen Steuerungssystemen für die Unternehmenskommunikation (UK) noch weit entfernt ist. Der Ansatz der AMEC weist die Richtung: Die Einrichtung des AMEC-Onlinecollege greift das Problem der fehlenden Evaluation und Steuerung in der UK an der Wurzel an. Es fehlt an ausgebildeten Evaluatoren und Steuerungsmanagern für die Kommunikation. Die Zunahme an Seminaren und Workshops zu diesem Thema ist vielversprechend. Auch in die Ausbildung wird der Impuls seit einigen Jahren geschickt, sei es an Universitäten, Berufsakademien oder in Volontariaten. Diese Ausbildungsoffensive wird zwar erst in einigen Jahren Früchte tragen, sie ermöglicht der Kommunikation jedoch eine weitere Professionalisierung in Richtung echte Managementfunktion.

Wenn Sie beginnen möchten, ein strategisches Steuerungssystem zu entwickeln, sollten Sie sich nicht entmutigen lassen. Literaturstudium und Internetrecherche bieten einen Einstieg. Berater begleiten Sie gerne auf dem Weg (siehe Seite 95). Die wichtigste Informationsquelle für die Entwicklung eines strategischen Steuerungssystems ist der informelle Austausch mit anderen Unternehmen. Im Gespräch mit Kollegen wird schnell klar, wo welche Schwierigkeiten lauern. Diese werden jedoch nicht offen publiziert.

Ein System zur strategischen Steuerung von Unternehmenskommunikation kann hilfreiche Informationen liefern und Legitimation bieten – sofern es gewissenhaft entwickelt wurde und kontinuierlich überprüft wird. Besonders in sehr guten oder sehr schwierigen Zeiten wird schnell offensichtlich, wo mit den falschen oder mit nicht steuerbaren Kennzahlen gearbeitet wird. Die Steuerungsfähigkeit bedeutet, dass der Kommunikator realistischen Einfluss auf diese Kennzahl hat.

7.6 Literatur zum Kapitel

Bürker, Michael und Sabine Baudisch. „Welcher Erfolg? Welche Kommunikation? Welche Ursache?". PR-Magazin 4/09. Rommerskirchen Verlag. Zum Download unter: www.commendo.de/rw_e7v/commendo2/usr_documents/ComMenDo_PR-Magazin_Controlling_2009-04.pdf

Verschiedene Dossiers zum Download unter www.communicationcontrolling.de

Sheldrake, Philip. The Business of Influence, Sheldrake, Wiley, 2011

Seidemann, Mandy. Kommunikations-Controlling in Theorie und Praxis. Dr. Besson Fachverlag 2009.

Zerfaß, Ansgar und Jan Erik Sass. „Kommunikations-Controlling – Bedeutung, Handlungsfelder, Implementierungsschritte". Nr. 11 in der Publikationsreihe des Bundesverbands deutscher Pres-

sesprecher Berlin 2008. Zum Download unter
http://www.communicationmanagement.de/fileadmin/cmgt/PDF_Publikationen_download/Sa
ssZerfa_-Kommunikationscontrolling-BdP-2008.pdf

8 Fazit: Steuerung durch Evaluation

Das Top-Down-Vorgehen des Kommunikations-Controllings verursacht Schwierigkeiten, wenn
man nicht genau weiß, welche Maßnahmen welche Kennzahlen liefern und wie sie zu einem
übergeordneten Ziel zusammenzusetzen sind. In der PR-Praxis ist diese Situation öfter anzutref-
fen als erwartet. Daher macht es mehr Sinn, mit einer eingehenden Evaluation der Situation und
des Prozesses zu beginnen, wie in der Einleitung bereits ausgeführt wurde. Mit diesem „Bottom-
Up"-Ansatz (vom „Boden" des Managementprozesses nach „oben" zu den Zielen) kann ein
sinnvolles System von Kennzahlen zusammengestellt werden. Zumal es in der Praxis unwahr-
scheinlich ist, dass die gesamte PR-Planung durch ein Controllingteam neu definiert wird – es
wird vielmehr ein eingespieltes Team geben, dem nun ein Controllingsystem „aufgesetzt" wird.
In einer solchen Situation ist es sinnvoller, zunächst zu schauen, welche Maßnahmen und Prozesse bereits existieren und nicht das Rad neu zu erfinden – nicht zuletzt, weil ein fairer Umgang
mit den beteiligten Mitarbeitern extrem wichtig ist, um dem Projekt „Evaluation und Steuerung"
zur Akzeptanz zu verhelfen. Und ohne die Unterstützung der Mitarbeiter wird das Steuerungssystem lediglich ein ungeliebtes Mitarbeiterkontrollprogramm, das die erwünschte Attraktivität
als Arbeitgeber sinken lässt.

Abbildung 49: Kommunikations-Controlling versus PR-Evaluation – Top-Down versus Bottom-Up

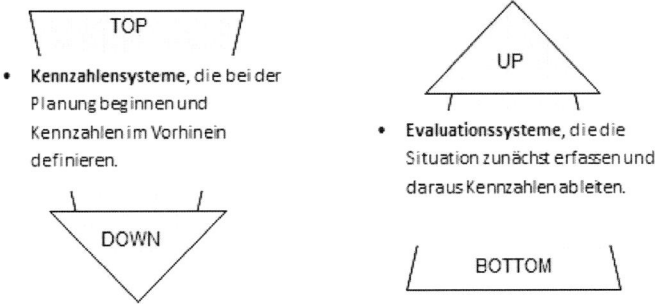

Das Vorgehen des Herunterbrechens von Aufgabe in Ziele und Maßnahmen findet sich teilweise in der klassischen PR-Konzeptionstechnik wieder. Institute wie das AFK oder DIPR lehren seit
Jahrzehnten, wie PR-Konzeptionen erstellt werden sollen.

Dabei wird nach einer detaillierten Situationsanalyse die Aufgabenstellung definiert. Auf dieser Basis werden Ziele, Zielgruppen, Maßnahmen und Botschaften festgelegt, die im detaillierten Maßnahmenplan auszuformulieren sind. Nach der Durchführung erfolgt die Wirkungskon-
trolle und anschließende Auswertung bzw. Anpassung der Strategie. Das Vorgehen ist ähnlich
systematisch wie beim Controlling. Es fehlt allerdings die explizite Ausweisung des Wertschöp-
fungsbeitrages der gesamten Kampagne für das Unternehmen. Diese wichtige Anbindung an
Unternehmensziele fließt in der Konzeptionstechnik in die IST-Fakten und Aufgabenstellung ein.
Auch die Kategorien des Controllings (Finanz/Intern/Prozess/Stakeholder) finden sich nur ver-

schwommen als Zielgruppen". Des Weiteren fehlt in einer PR-Konzeption meist die komprimierte Darstellung der Werttreiberketten: Die Zusammenhänge zwischen Aufgabenstellung, Auswahl der Zielgruppen, Definition der Ziele und Entscheidung der Maßnahmen wird meist als Text/Aufsatz dargestellt.

Abbildung 50: PR-Konzeptionstechnik des DIPR-Instituts nach Dörrbecker 1996, Seite 208

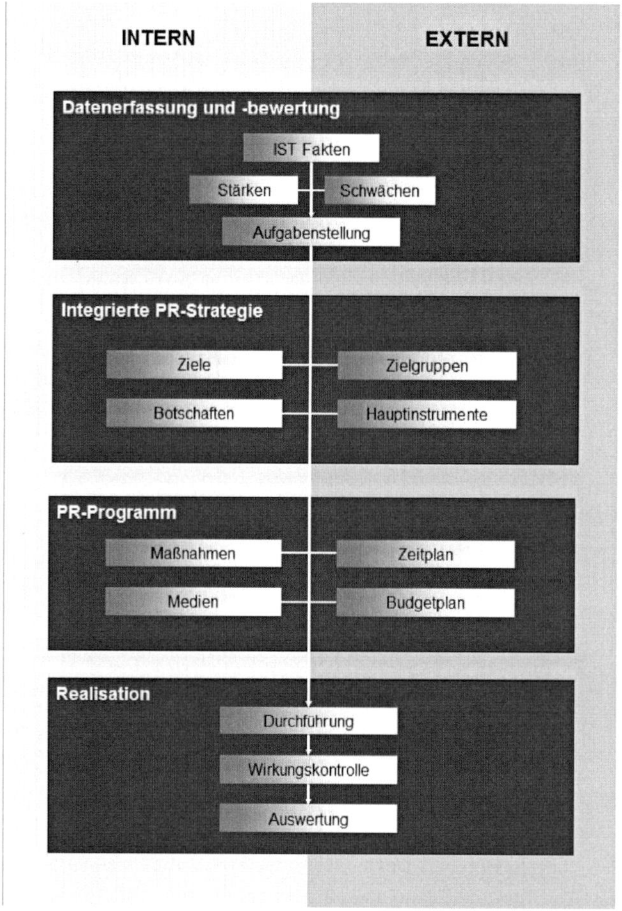

In der Praxis muss auch davon ausgegangen werden, dass sehr oft gar keine schriftliche PR-Konzeption erstellt wird. Das Tagesgeschäft in Abteilungen läuft und reißt die Mitarbeiter mit. Für strategisches Arbeiten bleibt nicht selten kaum Zeit. In Agenturen wird strategisches Arbeiten eher vorkommen, zumal es meist der Ausgangspunkt für den Gewinn eines Etats oder Auftrags darstellt.

Wenn davon ausgegangen wird, dass die strategische Planung für die PR eigentlich nichts Neues darstellt, kann ein System zur strategischen Steuerung der Unternehmenskommunikation für PR-Praktiker seinen Schrecken verlieren. Die bisherige Konzeptionstechnik und die praktische Arbeit sind lediglich zu systematisieren und noch besser und deutlicher direkt dem Unternehmensziel und den Stakeholdern anzugliedern. Gleichsam bedeutet dies, dass die gesamte PR-Arbeit in einer Abteilung auf den Prüfstand gestellt und eventuell umstrukturiert wird – was wiederum das Projekt nicht unbedingt beliebter macht und viel interne Kommunikation erfordert.

Steuern durch Evaluation – das ist die Devise dieses Handbuches. Manchem mag es „falsch herum" erscheinen, erst zu erfassen und zu bewerten und dann zu steuern. Es ist der pragmatischere und realistischere Weg. Es gibt noch sehr viel über Zusammenhänge und Wirkungsmechanismen in der Kommunikation zu lernen. Einfache kausale Wirkungsketten sind unhaltbar und unrealistisch. Daher lieber erst mal etwas „forschen" und dann versuchen zu steuern. Sobald das „Boot" wirklich nach links fährt, wenn man dorthin vermeintlich gesteuert hat, kann der Kommunikator von sich behaupten Kommunikationskapitän zu sein.

9   Ressourcen und Tools

An dieser Stelle werden eine Fülle von Links, Tools und freien Ressourcen aufgeführt, die natürlich keinen Anspruch auf Vollständigkeit, Aktualität oder Ausgewogenheit (in Bezug auf eventuelle Wettbewerbsangebote) haben. Sie bieten aber eine erste Einstiegsmöglichkeit. Weitere Recherchen nach Ressourcen sind immer zu empfehlen.

9.1   Checkliste zur Planung einer Medienresonanzanalyse

KONZEPTIONSBOGEN FÜR MEDIENRESONANZANALYSEN (Besson 2012)

BASIS
Suchstichwort der Basis: _____

Beobachtungszeitraum: _____

Medienartauswahl: _____
(Print, Internet, TV, Radio?)

Medienauswahl beschränken: _____
                                          _____

THEMEN
In welche Themen unterteilen Sie die Berichte:
_____
_____
_____

 (z. B. Unternehmensnachrichten, Produkt 1-10, Sponsoring, Händlernachrichten)

QUANTITATIVE DATEN
(Was soll alles erfasst werden? Zutreffendes bitte einkreisen oder hinzufügen!)

Medienname

Auflage   Auflage verbreitet Auflage gedruckt Auflage verkauft

Reichweite

Datum   Monat   Tag

Regionen   Erscheinungsorte Landkreise Bundesländer

Medienarten   Zeitungen/Anzeigeblätter/Zeitschriften/Fachzeitschriften

                                     andere Gruppierung:
                                     _____

Artikelart   Meldung/Bericht/Serie/Kommentar/Interview
                                     andere: _____

Rubrik (wenn ersichtlich)   Wirtschaft/Politik/Kultur/Sport/Lokales
                                     andere: _____

Logo/Namensnennung   Logo Namensnennung

Konkurrentennennung: _____

Position der Nennung   Titel/Kopfzeile/Textkörper
                                     andere: _____

Autoren

Länge   Rubriken (kurz/mittel/lang) in % oder mm der Seite

Anzeigenäquivalenzwert   kritische Berichte als € 0 oder negativ?

Fotos/Grafiken   Anzahl   oder ja/nein

INHALTLICHE DATEN

Zitate	wer wird zitiert	in welcher Qualität
Überschriften	alle	von Pressemitteilung übernommen/nicht
Art der Nennung	Primärnennung/Sekundärnennung	
PR-Aktivitäten-Kontrolle	selbstinitiiert (PR-Artikel) / fremdinitiiert	
Botschaftenkontrolle	Ihre Kommunikationsbotschaften:	

_____

_____

Tendenz / Rating	positiv/negativ/objektiv	5stufiges Rating
Inhaltsanalyse	nur Kritik bzw. potenz. Krisenherde alles Positive & Negative mit/ohne Kategorienbildung	

ANALYSE

Zeitliche Einteilung:	Zeitraum	kumulierte Betrachtung
Thematische Einteilung:	Themenbereiche:	

_____

_____

Medienresonanz-Indikatoren

Basisgröße:	Artikelzahl	Auflagezahl
Schwerpunkt:	Quantität	Inhaltlich (Zitate)

Vergleich mit anderem Produkt/Unternehmen: _____

ORGANISATION

Ablaufplan:

Tätigkeit	Termin	Kommentar/Verantwortlicher
Sammeln der Clippings	_____	_____
Schließen der Clippingbasis	_____	_____
Abgabe Analyse	_____	_____
Projektabschluss Review	_____	_____
Artikelbeschaffung:	Ausschnittdienstselbst beschafft	
Intervall:	einmalig monatlich quartalsweise jährlich	
Sprache:	deutsch englisch	
Layout:	Unternehmensdesign Agenturdesign anderes	
Schriftart:	_____	
Ihr Logo		
Lieferung:	Farbausdruck Powerpoint-Datei PDF-Datei	
Anzahl der Druckexemplare:	_____	
Kommunikation/Ansprechpartner:	_____	
Programmversion:	Office XP Office 2007 Office 2010 Office 2013	

9.2 Beziehungsfragebogen

Grunig und Hon entwickelten 1999 diesen Fragebogen zur Messung von Beziehungen.

	- -	-	0	+	+ +
	nein	kaum	etwas	ziemlich	sehr
Diese Organisation behandelt Leute wie mich fair und gerecht.					
Wenn diese Organisation eine wichtige Entscheidung trifft, weiß ich, dass sie Leute wie mich berücksichtigen wird.					
Dieser Organisation kann ich vertrauen, dass sie ihre Versprechen halten wird.					
Ich kann mich darauf verlassen, dass diese Organisation die Meinungen von Leuten wie mir berücksichtigen wird, wenn sie wichtige Entscheidungen trifft.					
Ich bin sehr überzeugt von den Fähigkeiten dieser Organisation.					
Diese Organisation hat die Fähigkeit ihre angestrebten Ziele zu verwirklichen.					
Diese Organisation und Leute wie ich geben Acht, was wir zueinander sagen.					
Diese Organisation glaubt, dass die Meinungen von Leuten wie mir berechtigt sind.					
Im Umgang mit Leuten wie mir neigt diese Organisation dazu, ihre Macht auszuspielen.					
Diese Organisation hört Leuten wie mir zu, was wir zu sagen haben.					
Das Management dieser Organisation gibt Leuten wie mir ausreichend Mitspracherecht bei Entscheidungsprozessen.					
Ich glaube, dass diese Organisation versucht, sich dauerhaft verbindlich gegenüber Leuten wie mir zu verhalten.					
Ich sehe, dass diese Organisation ein langfristiges Verhältnis mit Leuten wie mir erhalten möchte.					
Es besteht eine langfristige Bindung zwischen der Organisation und Leuten wie mir.					
Verglichen mit anderen Organisationen schätze ich die Beziehung zu dieser Organisation mehr.					
Ich würde lieber mit dieser Organisation zusammenarbeiten als es nicht zu tun.					
Ich bin zufrieden mit dieser Organisation.					
Beide - die Organisation und Leute wie ich – profitieren von dieser Verbindung.					
Die meisten Leute wie ich sind glücklich mit ihrer Interaktion mit dieser Organisation.					
Im Großen und Ganzen bin ich zufrieden mit der Beziehung, die diese Organisation mit Leuten wie mir geschaffen hat.					
Die meisten Leute interagieren gerne mit dieser Organisation.					
Diese Organisation hilft anderen nicht gerne. (Kontrollfrage)					
Diese Organisation ist sehr besorgt um das Wohl von Leuten wie mir.					
Ich habe das Gefühl, dass diese Organisation verletzliche Menschen gerne ausnutzt.					
Ich glaube, dass diese Organisation auf Leuten herum trampelt.					
Diese Organisation hilft Leuten wie mir ohne eine Gegenleistung zu erwarten.					
Immer wenn diese Organisation etwas gibt oder anbietet, erwartet sie eine Gegenleistung.					
Trotz unserer langjährigen Beziehung erwartet diese Organisation stets eine Gegenleistung, wenn sie Leuten wie mir einen Gefallen anbietet.					
Diese Organisation wird Kompromisse mit Leuten wie mir machen, wenn sie weiß, dass sie davon profitieren wird.					
Diese Organisation passt gut auf Leute auf, die höchstwahrscheinlich die Organisation belohnen werden.					

9.3 Checklisten

Um eine passende Checkliste zu finden, lohnt sich immer eine Googlesuche, evt. direkt als „Erweiterte Suche" direkt nach „checkliste XYZ filetype:pdf" suchen lassen. Ansonsten gibt es einige umfangreiche Sammlungen von Checklisten zu allen möglichen PR-Themen:

Im Internet finden sich zahlreiche Materialien von Nanette Besson, z. B. die „Evaluationscheckliste", die von der Autorin im Rahmen ihres Buches „Strategische PR-Evaluation" (VS Verlag 2008) entwickelt wurden: Zur Konzeptionsprüfung, Qualität des PR-Materials, Durchführungskontrolle, Plantreue, Organisation, etc. Zugleich stellt die Autorin ihre Literaturliste zum Thema PR-Evaluation zum Download zur Verfügung (über Googlesuche zu finden) und über den Blog http://pr-evaluation.blogspot.de sind ebenfalls zahlreiche Tipps und Ressourcen zu finden.

Auf Checkliste.de finden sich zahlreiche Tools unter:

http://checkliste.de/unternehmen/marketing-und-vertrieb/pr-pressearbeit.htm

Titel	Inhalt der Checkliste
Business-Blog	10 Tipps für die Themenfindung bei einem Business-Weblog, nutzen Sie Ihr Business-Blog als gehaltvolles PR-Instrument
Firmenjubiläum nutzen	Firmenjubiläum für Öffentlichkeitsarbeit nutzen
Gebote der Online-PR	„Seien Sie so schnell und aktuell wie das Medium es erfordert" lautet eines der Gebote für eine Presse-Aktion im Internet. Welche vielfältigen PR-Möglichkeiten das Medium Internet bietet und was Sie tun müssen, damit diese Aktionen erfolgreich sind, zeigt diese Checkliste.
Imagebroschüre	Kernfragen bei der Planung einer Imagebroschüre
Informationskampagne	Vorbereitung einer Informationskampagne
Interview	Vorbereitung eines Interviews
Krisen-PR	Wie betreibt eine Firma Öffentlichkeitsarbeit in der Krise?
Medienarbeit für kleine Firmen	Medienarbeit für kleine und kleinste Unternehmen (KMU)
Häufig gestellte Fragen zur erfolgreichen Presse-Arbeit	Viele kleine und mittelständische Unternehmen haben nur geringe Marketingbudgets zur Verfügung. Deshalb müssen sie zu kostengünstigen Maßnahmen greifen, um Aufmerksamkeit am Markt zu gewinnen. Public Relations (PR) ist ein gutes Beispiel dafür, wie sich mit einer cleveren Idee und geringen Kosten große Wirkung erzielen lässt. Leider ist vielen Unternehmen PR noch immer ein Buch mit sieben Siegeln. Wo liegt der Unterschied zwischen PR und Werbung oder wie baue ich einen Presse-Verteiler auf? Dies sind nur zwei von elf zentralen Fragen, auf die Sie mittels dieses Leitfadens Antwort erhalten.
Pressefotos	Techniken beim Verfassen von Pressemeldungen
Pressekonferenz	Wann und wie ruft man eine Pressekonferenz ein?
Pressemeldungen - Aufhänger	Aufhänger für Pressemeldungen
Pressemeldungen - Techniken	Techniken beim Verfassen von Pressemeldungen
Pressemitteilungen	Checkliste Pressemitteilung
Stundensatz-Kalkulation PR	Kalkulationsschema für die Ermittlung von Stundensätzen in PR-Agenturen
Zeitungsartikel schreiben	Checkliste für das Abfassen von Zeitungsartikeln

Stand Juli 2012

Unter http://www.free-pr-advice.co.uk/prchecklists.htm finden sich ebenfalls zahlreiche Checklisten für PR und Kommunikation, allerdings in Englisch:

Advertising Part 1 - Planning

Advertising Part 2 - Creativity

AV Presentation

Better Brainstorming

Branding for Beginners

Briefing a PR Company

Building Good Relations with the Media

Building an Effective Partnership with your PR Company

Corporate Identity

Corporate Social Responsibility

Digital Photography - Taking Better PR Pictures

Direct Mail

Editorial Charges - Pragmatism Pays

Evaluating Pitches

Exhibiting Successfully

Crisis Management

Internal Communications

Event Organisation

Making Web Sites Work

Managing Creative People

Media Interviews

Newsletters

Perfect Presentation

PR Career Advice

PR Marketing in Tough Times

PR Evaluation

PR Research

Public Relations Photography

Setting a PR Budget

Sponsorship

SWOT Analysis and PR Planning

Taking a Pro-Environment Position

Trade Marks - Protect your PR Investment

Writing Good Copy

Writing for the Web

9.4   Kostenlose Umfragen und Analysen

- Survey Monkey: www.surveymonkey.com
- Zoomerang: www.zoomerang.com
- Twitterumfrage: twtpoll.com
- Kostenlose Umfragen zum Einbetten in Websites (Stand Juli 2012): www.umfrageonline.com, www.umfrage-kostenlos.de, deinvote.de, www.freepoll.de
- Kostenloses Erstellen von Wortwolken zur ersten Analyse von Texten und deren Schlagwörter: www.wordle.net

9.5   Dienstleisterangebot (Deutschland)

Es gibt zahlreiche Dienstleister auf dem Gebiet der PR-Evaluation und des Kommunikations-Controllings. Die Angebote überschneiden sich vielfach, daher ist es immer zu empfehlen, sich vor einer Auftragsvergabe einen guten Überblick über die Anbieter zu verschaffen.

9.5.1   Anbieter von Medienbeobachtung

Name	Anschrift	Website
altares Mediamonitoring GmbH	Wiesenstr. 21a, 40549 Düsseldorf	www.altares.de
Ausschnitt Medienbeobachtung	Gneisenaustr. 66, 10961 Berlin	www.ausschnitt.de
blueReport - cognita Deutschland GmbH	Chausseestr. 86, 10115 Berlin	www.bluereport.net
Breitenbach Media	Aachener Str. 233 - 237, 50931 Köln	www.breitenbachmedia.de
Cision Germany GmbH	Hanauer Landstr. 291 b, 60314 Frankfurt a.M.	www.de.cision.com
Com Vision Betreibergesellschaft mbH	Alter Holzhafen 17 c, 23966 Wismar	www.comvision.tv
ddp direct	Reinhardtstraße 52, 10117 Berlin	www.ddpdircet.de
Echobot Media Technologies GmbH	Lorenzstr. 29, 76135 Karlsruhe	www.echobot.de
ethority GmbH & Co. KG	Büschstr. 7, 20354 Hamburg	www.ethority.de
Infopaq Deutschland GmbH	Stammheimer Str. 10, 70806 Korn-westheim	www.infopaq.de
Kantar Media GmbH (ex TNS Media Intelligence PressWatch)	Barmbeker Str. 2, 22303 Hamburg	www.kantarmedia.de
Landau Media AG	Friedrichstr. 30, 10969 Berlin	www.landaumedia.de
MAD Medizinischer Ausschnitt - Dienst OHG	Kur-Kölner-Straße 46, 57632 Peters-lahr	www.medizinischer-ausschnitt-dienst.com
mediaclipping GmbH	Schlachte 12-13, 28195 Bremen	www.mediaclipping.de
mediatpress	Reinsburgstr. 72, 70178 Stuttgart	www.mediatpress.com

Meltwater News, Press, Buzz	Rotherstr. 22, 10245 Berlin	www.meltwater.com
Meta Communication International GmbH	Solmsstr. 4, 60486 Frankfurt a.M.	www.metacommunication.com
news aktuell GmbH	Mittelweg 144, 20148 Hamburg	www.newsaktuell.de/monitoring
net-clipping UG	Buchenstr. 12, 01097 Dresden	www.net-clipping.de
PMG Presse-Monitor GmbH	Markgrafenstr. 62, 10969 Berlin	www.pressemonitor.de
press1 - HighText Verlag	Wilhelm-Riehl-Str. 13, 80687 München	www.press1.de
PresseBox - UNITED NEWS NET-WORK GmbH	Lorenzstr. 29, 76135 Karlsruhe	www.pressebox.de
pressrelations GmbH	Klosterstr. 112, 40211 Düsseldorf	www.pressrelations.de
SPAD Presse- und Ausschnittdienst GmbH	Ludwigstrasse 8, 01097 Dresden	www.spad-dresden.de
Unicepta Ges. f. Medienanalyse mbH	Salierring 47-53, 50677 Köln	www.unicepta.com

Ohne Anspruch auf Vollständigkeit!
Stand Juli 2012

9.5.2 Anbieter von Medienresonanzanalysen

Anbieter	Adresse	Website
altares Mediamonitoring GmbH	Wiesenstraße 21a, 40549 Düsseldorf	www.mediamonitoring.de
aserto Kommunikationsanalysen und Beratung GmbH & Co. KG	Kriegerstr. 44, 30161 Hannover	www.aserto.de
Asset Vision	Dieselstrasse 13, 61191 Rosbach v.d.Höhe	www.assetvision.de
Ausschnitt Medienbeobachtung	Gneisenaustraße 66, 10961 Berlin	www.ausschnitt.de
blätterwald GmbH	Oranienburger Straße 27, 10117 Berlin	www.blaetterwald.org
Blue Moon Communication Consultants GmbH	Friedrichstraße 8, 41460 Neuss	www.bluemoon.de
Breitenbach Media	Aachener Str. 233 - 237, 50931 Köln	www.breitenbachmedia.de
Cision Germany GmbH	Hanauer Landstr. 291 b 60314 Frankfurt a.M.	http://de.cision.com/
com.X Institut	Ehrenfeldstr. 34, 44789 Bochum	www.comx-forschung.de
COMDAT Medienforschung GmbH	Raesfeldstr. 38, 48149 Münster	www.comdat.de
ComMenDo Agentur für UnternehmensKommunikation GmbH	Hofer Straße 1, 81737 München	www.commendo.de
evaluamus GmbH	Schillerstraße 56, 68535 Edingen-Neckarhausen	www.evaluamus.com
FAZ Institut / Prime research	Mainzer Landstraße 199, 60326 Frankfurt a.M.	www.faz-institut.de
General Media GmbH	Kastanienallee 94, 10435 Berlin	www.general-media.de
GESO GmbH	Rheinstraße 1, 55294 Bodenheim	www.geso-pr.de
Infopaq deutschland GmbH ex Cision	Stammheimer Straße 10, 70806 Kornwestheim	www.infopaq.de
Infoselekt	Augustenstr. 91, 70197 Stuttgart	www.infoselekt.de
Kantar Media (ex-TNS Media Intelligence PressWatch)	Barmbeker Straße 2, 22303 Hamburg	www.kantarmedia.de
Ketchum Pleon	Bahnstraße 2, 40212 Düsseldorf	www.ketchumpleon.de
Landau Media AG	Friedrichstraße 30, 10969 Berlin	www.landaumedia.de
Lautenbach Sass	Westhafenplatz 1, 60327 Frankfurt a.M.	www.lautenbachsass.de
Media Tenor International	Alte Jonastr.48, CH – 8640 Rapperswil	www.mediatenor.de
Meta Communication International GmbH	Solmsstraße 4, 60486 Frankfurt a.M.	www.metacommunication.com
Newbase GmbH	Rödingsmarkt 14, 20459 Hamburg	www.newbase.de
PMG Presse-Monitor GmbH	Markgrafenstr. 62, 10969 Berlin	www.pressemonitor.de
pressrelations GmbH	Klosterstraße 112, 40211 Düsseldorf	www.pressrelations.de
twocommit Group	Bohlstr. 9, 78465 Konstanz	www.medien-resonanzanalyse.de
Unicepta Ges. f. Medienanalyse mbH	Salierring 47–53, 50677 Köln	www.unicepta.de

Ohne Anspruch auf Vollständigkeit!
Stand Juli 2012

9.5.3 Anbieter von Tools und Beratung zur Evaluation und zum Kommunikations-Controlling

Anbieter von tiefergehender Beratung und weiterführenden Analysen können in die Schwerpunktgruppen Marktforschung, Evaluationsberatung und Kommunikations-Controlling unterteilt werden. Dabei gibt es immer auch Überschneidungen im Leistungsspektrum.

Marktforschung (Schwerpunkt)

- COMDAT - Communication Data Research, Münster
- Com X GbR, Bochum
- GESO GmbH, Bodenheim
- TNS Infratest GmbH, München

Evaluation und Steuerung (Schwerpunkt)

- BrandControl GmbH, Frankfurt am Main
- ICOM GmbH, Wiesbaden
- evaluamus GmbH (ehemals NAL Kommunikationsberatung GmbH), Edingen-Neckarhausen
- Web Excellence Forum e.V., Berlin (Benchmarking von Corporate Websites & Social Media Aktivitäten)

Kommunikations-Controlling (Schwerpunkt)

- Aexea GmbH, Stuttgart
- Asset Vision, Frankfurt (Schwerpunkt Finanzkommunikation)
- HeringSchuppener Unternehmensberatung für Kommunikation GmbH, Düsseldorf
- Intevo, Gesellschaft für integrierte Unternehmenssteuerung mbH, Neustadt
- IPM United GmbH, München
- Lautenbach Sass, Frankfurt am Main
- MCCM Consulting GmbH, Köln

Ohne Anspruch auf Vollständigkeit!
Stand Juli 2012

10 Literatur zum Thema

Zeit	Autor	Jahr	Titel
1. Klassiker der US-PR-Literatur	Grunig, James/Todd Hunt	1984	Managing Public Relations. Harcourt Brace Jovanovich College Publishers USA 1984
	Awad, Joseph F	1985	The Power of Public Relations. Praeger Publishers New York 1985
	Cutlip, Scott/A Center/Glen Broom	1985	Effective Public Relations. Prentice Hall New Jersey 1985 (7. Auflage 1994)
	Broom, Glen M/David M Dozier	1990	Using Research in Public Relations. Englewood Cliffs, New Jersey 1990
	Grunig, James	1992	Excellence in Public Relations and Communication Management. Lawrence Erlbaum Associates Publishers New Jersey USA 1992
2. Englisch-sprachige Pioniere	Macnamara, Jim R	1992	Evaluation in Public Relations: The Achilles Heel of the Public Relations Profession. In: International Public Relations Review. IPRA London 1992 Vol. 15 No. 4
	Lindenmann, Walter K	1993	An "Effectiveness Yardstick" to measure Public Relations Success. In: PR Quarterly. 1993 Vol 38 No 1. Seite 7-9
	Fairchild, Michael	1997	How to get real Value from Public Relations. ICO London 1997
	Noble, Paul/Tom Watson	1999	Applying a unified Public Relations Evaluation Model in a European Context. In: Noble, Paul and Tom Watson: Applying a unified Public Relations Evaluation Model in a European Context. Dokumentation der Konferenz "Transnationale Kommunikation in Europa". Berlin 1999
	AMEC Association of Media Evaluation Companies	1999	Guide to media evaluation. http://amecorg.com/media-evaluation/guide-to-media-evaluation/ updated 2012

	Likely, Fraser	2000	Communication and PR: Made to Measure. In: SCM - Strategic Communication Management, Dezember/Januar 2000
	Grunig, Larissa/James Grunig/David Dozier (2002)	2002	Excellent Public Relations and Effective Organizations. Lawrence Erlbaum Associates Publishers New Jersey USA 2002
3. Deutsche Pioniere	Klewes, Joachim	1994	Kann man Öffentlichkeitsarbeit messen? Zur Frage nach dem Sinn und den Möglichkeiten von Wirkungskontrolle in den Public Relations. In: Kohtes & Klewes (Hrsg.). Kompetenz Nr. 11 - Public Relations und Management (Broschüre). K&K Düsseldorf 1994
	Baerns, Barbara (Hrsg)	1995	PR-Erfolgskontrolle. IMK Frankfurt/M. 1995. Seite 20ff
	Baerns, Barbara/ Joachim Klewes (Hrsg)	1996	Jahrbuch Public Relations 1996. ECON Düsseldorf 1996
	DPRG (Hrsg)	1996	"Aufbruch zu neuen Standard: Evaluation: Erfolge planen - Erfolge messen. " Dokumentation DPRG Jahrestagung 1996. DPRG Bonn 1996.
	GPRA Arbeitskreis Evaluation (Hrsg)	1997	Evaluation von Public Relations - Dokumentation einer Fachtagung. IMK Frankfurt/M. 1997b.
	Knobloch, Sylvia	1997	PR-Erfolgskontrolle durch Zeitreihenanalyse. VISTAS Berlin 1997
	Bauer, Markus	1998	PR-Erfolgskontrolle in der Pressearbeit. Verlag Reinhard Fischer München 1998
	DPRG eV	2000	PR-Evaluation. Messen, Analysieren, Bewerten - Empfehlungen für die Praxis. Booklet des Evaluationsausschusses der DPRG & GPRA. DPRG Bonn 2000
4.Strategi- sche PR- Evaluation und Kommuni- kations- Controlling in Deutsch- land	Besson, Nanette	2004	Strategische PR-Evaluation. Erfassung, Bewertung und Kontrolle von Öffentlichkeitsarbeit. Westdeutscher Verlag Wiesbaden, 1. Auflage 2004
	Hering, Ralf/Bernd Schuppener/Mark Sommerhalder	2004	Die Communication Scorecard. Eine neue Methode des Kommunikationsmanagements. Haupt Verlag Bern 2004
	Zerfaß, Ansgar	2004	Unternehmensführung und Öffentlichkeitsarbeit. Westdeutscher Verlag Opladen 2004. Zweite, überarbeitete und erweiterte Auflage
	Zerfaß, Ansgar	2004	Die Corporate Communications Scorecard – Kennzahlensystem, Optimierungstool oder strategisches Steuerungsinstrument? Im Internet: www.pr-portal.de Nr. 57 (24/04) vom 22.06.2004 Artikel Nr. 200604521754
	Arnold, Sabine	2005	Moderne Ansätze der PR-Evaluation. In: Klewes, Joachim (2005) Unternehmenskommunikation auf dem Prüfstand. Aktuelle empirische Ergebnisse zum Reputation Marketing. Deutscher Universitätsverlag Wiesbaden 2005, Seite 251-296
	Pfannenberg, Jörg/Zerfaß, Ansgar (Hrsg)	2005	Wertschöpfung durch Kommunikation. Frankfurter Allgemeine Buch Frankfurt 2005.
	Piwinger, Manfred/Victor Porák	2005	Grundlagen und Voraussetzungen des Kommunikations-Controlling. In: Kommunikations-Controlling. Kommunikation und Information quantifizieren und finanziell bewerten. Gabler Verlag Wiesbaden 2005
	Rolke, Lothar/Florian Koss	2005	Value Corporate Communications – Wie sich Unternehmen wertorientiert managen lassen. Books on Demand GmbH (Juni 2005)
	Rolke, Lothar	2005	Kennziffernsystem für die wertorientierte Unternehmenskommunikation: Das CommunicationControlCockpit (CCC). In: Pfannenberg, Jörg/Zerfaß, Ansgar (Hrsg.). Wertschöpfung durch Kommunikation. Frankfurter Allgemeine Buch Frankfurt 2005. Seite 123-131
	Zerfaß, Ansgar	2005	Rituale der Verifikation? Grundlagen und Grenzen des Kommunikations-Controllings. In: Rademacher, Lars (Hrsg.). Distinktion und Deutungsmacht. Studien zu Theorie und Pragmatik der Public Relations. VS Verlag für Sozialwissenschaften Wiesbaden 2005, Seite 181-220
	Pütz, Horst	2006	Kommunikation managen. Von der gefühlten Kommunikation zur Kennzahl. ICOM Wiesbaden 2006
	Besson, Nanette	2007	Strategische Krisenevaluation. In: PR Magazin. Rommerskirchen Remagen-Rolandseck, 38. Jg., Nr. 12 Dezember 2007.
	Wägenbaur, Thomas (Hrsg)	2007	Medienanalyse. Methoden, Ergebnisse, Grenzen. Schriften zur Medienwirtschaft und zum Medienmanagement, Band 16. Nomos Verlag Baden-Baden 2007
	Besson, Nanette	2008	Strategische PR-Evaluation. Erfassung, Bewertung und Kontrolle von Öffentlichkeitsarbeit. VS Verlag für Sozialwissenschaften Wiesbaden 2008, 3. erweiterte Auflage Juli 2008
	Besson, Nanette	2008	Mit strategischer Krisenevaluation zur besseren Krisenperformance. In: Nolting, Tobias /Ansgar Thießen (Hrsg.). Krisenmanagement in der Mediengesellschaft. Potenziale und Perspektiven in der Krisenkommunikation. VS Verlag für Sozialwissenschaften Wiesbaden 2008
	Buchele, Mark-Steffen	2008	Der Wertbeitrag von Unternehmenskommunikation. VS Verlag für Sozialwissenschaften Wiesbaden 2008
	Raupp, Juliana/Jens Vogelgesang	2009	Medienresonanzanalyse. VS Verlag Wiesbaden 2009
	Bürker, Michael/Sabine Baudisch	2009	„Welcher Erfolg? Welche Kommunikation? Welche Ursache?". PR-Magazin 4/09. Rommerskirchen Verlag. Zum Download un-ter:

			http://www.commendo.de/rw_e7v/commendo2/usr_documents/ComMen Do_PR-Magazin_Controlling_2009-04.pdf
	Pfannenberg, Jörg/Zerfaß, Ansgar (Hrsg)	2010	Wertschöpfung durch Kommunikation. Frankfurter Allgemeine Buch Frankfurt 2. Auflage 2010.
	www.communicationcon trolling.de	laufend	Portal rund um das Thema Kommunikations-Controlling mit vielen Dossiers, Infos etc.
5. Englisch- sprachige neuere Literatur	Paine, Katherine Delahaye	2007	Measuring Success. The Data-Driven Communicator's Guide to Measuring Public Relationships. KDPaine&Partners, Durham, NH, USA (2007)
	Leinemann, Ralf /Elena Baikaltseva	2004	Media Relations Measurement: Determining The Value Of Pr To Your Company's Success. Gower Publishing Ltd
	Watson, Tom/Paul Noble	2007	Evaluating Public Relations: A Best Practice Guide to Public Relations Planning, Research and Evaluation (PR in Practice). Kogan Page
	Van Ruler, Betteke/Ana Tkalac Vercic/Dejan Vercic (Hrsg)	2007	Public Relations Metrics: Research and Evaluation
	Stacks, Don/David Michaelson	2010	A Practioner's Guide to Public Relations Research, Measurement and Evaluation
	Paine, Katherine Delahaye	2011	Measure what matters. Wiley & Sons, New Jersey, USA 2011
	Institute for Public Relations Florida, USA	laufend	http://www.instituteforpr.org
Allg. Literatur	Bruhn, Manfred	1995	Integrierte Unternehmenskommunikation. Schäfer Poschel Stuttgart 1995
	Litke, Hans-Dieter	1995	Projektmanagement: Methoden, Techniken, Verhaltensweisen. Carl Hanser Verlag München 1995
	Wottawa, Heinrich/H Thierau	1998	Lehrbuch Evaluation. Huber Bern 1998
	Früh, Werner	1998	Inhaltsanalyse: Theorie und Praxis. UVK-Medien Konstanz 1998
	Rossi/ Freeman/Lipsey	1999	Evaluation: A systematic Approach. Sage Newbury Park 1999 6. Auflage
	Eisenegger, Mark	2005	Reputation in der Mediengesellschaft. Konstitution - Issues Monitoring - Issues Management. VS Verlag Wiesbaden 2005
	Merten, Klaus	2005	Möglichkeiten des Effekt-Controlling. In: Köhler, Tanja und Adrian Schaffranietz (Hrsg). Public Relations – Perspektiven und Potenziale im 21. Jahrhundert. 2. A. VS Verlag Wiesbaden 2005. Seite 201-215
	Hansen, Renée (geb Fissenewert)/Stephanie Schmidt	2006	Konzeptionspraxis. Frankfurter Allgemeine Buch. Frankfurt/M. 3. Auflage August 2006
	Helm, Sabrina	2007	Unternehmensreputation und Stakeholder-Loyalität. DUV Verlag Wiesbaden 2007
	Kuckartz, Udo/Thorsten Dresing/Stefan Rädiker/Claus Stefer	2007	Qualitative Evaluation. Der Einstieg in die Praxis. VS Verlag für Sozialwissenschaften Wiesbaden 2007
	Kuckartz, Udo u.a.	2007	Qualitative Evaluation. VS Verlag Wiesbaden 2007
	Kirchhoff, Sabine u.a.	2008	Der Fragebogen. 4. Auflage VS Verlag Wiesbaden 2008
	Kuckartz, Udo u. a.	2008	Evaluation Online: Internetgestützte Befragung in der Praxis. VS Verlag Wiesbaden 2008

Stand: Juli 2012. Ohne Anspruch auf Vollständigkeit!
Sortiert nach Zeitleiste, erstellt von Nanette Besson

11 Glossar

AGOF (Arbeitsgemeinschaft Online Forschung)

Die AGOF ist ein Zusammenschluss der führenden Online-Vermarkter in Deutschland. Sie erhebt eine standardisierte „Reichweitenwährung" für die Werbebranche, die > Unique Users (einzelne Nutzer), mit der die Nettoreichweite im Internet abgebildet wird.

Anzeigenäquivalenzwert

Der Anzeigenäquivalenzwert (auch: Werbeäquivalenzwert) stellt den Versuch dar, den Wert der redaktionellen Berichterstattung monetär auszudrücken. Er gibt an, wie viel es gekostet hätte, anstelle der Berichterstattung entsprechende Werbung veröffentlichen zu lassen. Zur

Umrechnung werden die Anzeigenpreise des Mediums, die Platzierung der Berichterstattung, der Umfang (Artikelgröße/Sendungslänge) und die Farbigkeit (in Printmedien) sowie ggf. weitere Variablen herangezogen. Auch die Wertungstendenz wird häufig bei der Berechnung berücksichtigt. Der Werbeäquivalenzwert ist eine populäre, aber umstrittene Größe, da davon ausgegangen werden muss, dass PR und Werbung unterschiedlich wirken. Um diesem Unterschied Rechnung zu tragen, wird zum Teil bei der Berechnung mit einem Faktor multipliziert, der den Mehrwert von redaktioneller Berichterstattung abbilden soll. Der Gebrauch solcher Faktoren ist bisher weder wissenschaftlich stichhaltig, noch wird er in der Praxis einheitlich gehandhabt.

Arbeitsgemeinschaft Fernsehforschung (agf)

Gemeinschaftsunternehmen von ARD, ZDF, der ProSiebenSat.1 Media AG und der Mediengruppe RTL Deutschland zur Fernsehzuschauerforschung, das die quantitative Fernsehnutzung in Deutschland untersucht und die „Zuschauerquote" als Leistungsnachweis für die TV-Werbeträger ermittelt.

Arbeitsgemeinschaft Media Analyse e.V. (ag.ma)

Die Arbeitsgemeinschaft Media Analyse erforscht die Mediennutzung in Bezug auf verschiedene Mediengattungen. Die Forschungsergebnisse werden in der Media-Analyse (ma) veröffentlicht.

Auflage (gedruckt/verbreitet/verkauft)

Die Auflage ist ein Maß dafür, in welchem Umfang Printmedien hergestellt bzw. in Umlauf gebracht werden; man unterscheidet die gedruckte, verbreitete und verkaufte Auflage. Die gedruckte Auflage bezeichnet die Anzahl der erstellten Exemplare, während die verkaufte Auflage darüber Auskunft gibt, wie viele dieser Exemplare abgesetzt wurden. Zusätzlich zu den verkauften Einheiten werden zudem oft auch kostenlose Exemplare in Umlauf gebracht: diese sind – zusätzlich zu den verkauften Einheiten – in der verbreiteten Auflage mit berücksichtigt.

Balanced Scorecard

Die Balanced Scorecard (BSC) wurde Anfang der neunziger Jahre von Kaplan und Norton als strategisches Managementinstrument für Organisationen und Unternehmen konzipiert. Ausgehend von der Vision und Strategie des Unternehmens bildet die BSC die Situation und das Zielsystem des Unternehmens komprimiert und ausgewogen in Bezug auf interne/externe, monetäre/nicht-monetäre, vergangenheits- und zukunftsbezogene, objektive/subjektive und kurz- und langfristige Kennzahlen ab, so dass eine umfassende Leistungssteuerung und Messung möglich werden soll. Die Balanced Scorecard gliedert sich dabei nach den Dimensionen der Finanzperspektive, Kundenperspektive, internen Geschäftsprozessen und Lernen und Entwicklung. In Zusammenhang mit Kommunikations-Controlling wird vielfach die Adaption der BSC für die Unternehmenskommunikation beleuchtet bzw. auch erprobt.

Clipping

Ausgeschnittener Beleg – meist ein Einzelartikel – aus einem (Print-)Medium bzw. Datei oder Ausdruck eines im Internet erschienen Artikels oder Nachweis der Veröffentlichung mit Angaben zu Erscheinungsort und –zeit, in der der relevante Gegenstand erwähnt oder behandelt wird. Auch Nachweise von in Hörfunk oder TV ausgestrahlten Sendungen werden als Clipping in Druckform aufbereitet, zum Beispiel für Pressespiegel.

Effektivität

Der Begriff Effektivität bezeichnet die Wirksamkeit oder auch Leistungsfähigkeit z. B. einer Maßnahme. Wenn etwa eine Pressekonferenz für Lokaljournalisten mit dem Ziel abgehalten wird, Berichterstattung in den regionalen Medien anzustoßen, und es berichten anschließend alle lokalen Medien darüber, so war die Pressekonferenz zu 100 Prozent effektiv. Über die Verhältnismäßigkeit des Mitteleinsatzes zur Erreichung des Ziels ist damit noch keine Aussage getroffen.

Effizienz

Die Effizienz beschreibt die Wirtschaftlichkeit einer Maßnahme. Im Gegensatz zur > Effektivität wird auch der Mitteleinsatz berücksichtigt, der zur Erzielung der Wirkung aufgewandt wurde: das Verhältnis von erzielter Wirkung zu aufgewendeten Mitteln wird betrachtet.

Formative Evaluation

Die Evaluation, die den PR-Prozess begleitet. Werden bei der formativen Kontrolle Planabweichungen oder Probleme festgestellt, können, anders als bei der > summativen Evaluation, die Ergebnisse der formativen Evaluation direkt korrigierend in den Prozess einfließen.

Initiativquotient/Induktionsquotient

Der PR-Quotient bezeichnet das Verhältnis der PR-initiierten Berichterstattung zu der gesamten Berichterstattung, die zu dem jeweils untersuchten Thema erfasst wurde:

Instrumentelle Evaluation

Die instrumentelle Evaluation erfasst und bewertet die erstellten PR-Materialien und durchgeführten PR-Maßnahmen in Quantität und Qualität (vgl. Besson 2008, 140ff).

IVW

Die Informationsgemeinschaft zur Feststellung der Verbreitung von Werbeträgern (IVW) ist eine Prüforganisation, die Daten über die Verbreitung von Werbeträgern (Printmedien, Internetmedien, Kino und Sponsoringevents) erhebt. Für Printmedien werden > Auflagen und für Internetmedien > Page Impressions und > Visits erfasst.

Kennwert

Da sich die Leistung von Kommunikation nicht allein durch quantitative Kennzahlen vollständig abbilden lässt, müssen für eine umfassende Evaluation auch qualitative, „weiche" Faktoren herangezogen werden. Sobald jedoch sowohl quantitative als auch qualitative Leistungsindikatoren (wie z. B. beurteilende Kommentare) betrachtet werden, ist es nicht mehr legitim, zusammenfassend von > Kennzahlen zu sprechen. Stattdessen kann die umfassendere Bezeichnung „Kennwert" verwendet werden (vgl. Besson 2008, 247).

Kennzahl

Eine quantitative, standardisiert erhobene Größe, die einen Sachverhalt repräsentiert.

Kennzahlensystem

Kennzahlensysteme bilden modellhaft Zusammenhänge ab und verdichten Informationen zu bestimmten Sachverhalten. Einzelne Kennzahlen werden zu diesem Zweck ins Verhältnis zueinander gesetzt.

Key Performance Indikatoren

Strategierelevante Kennzahlen.

Kommunikations-Controlling

Kommunikations-Controlling steuert und unterstützt einerseits den Prozess des Kommunikationsmanagements (vgl. Zerfass 2008, Seite 23) auf der Metaebene und stellt auf der operativen Seite methodische Grundlagen für die Steuerung und Kontrolle der Durchführung bereit. Übergeordneter Bezugspunkt des Kommunikations-Controllings sind dabei die Unternehmensziele, die auf die Ebene der Kommunikation herunterzubrechen und zu operationalisieren sind, um damit die Kommunikation anschlussfähig an Steuerungssysteme des gesamten Unternehmens zu machen. Dem Kommunikations-Controlling kommt damit eine Rolle als Steuerungsinstrument zur Führung und Entscheidungsfindung zu. Gleichzeitig geht es darum, den Wertschöpfungsbeitrag der Kommunikation zu belegen, um eine angemessene Verteilung und Verwendung von Ressourcen zu gewährleisten. Dabei stellt sich grundsätzlich die Problematik, die charakteristischen immateriellen Leistungen und Wirkungen der Kommunikation in „Währungen" zu übersetzen, die mit den Steuerungs- und Zielsystemen des Unternehmens kompatibel sind. Insbesondere die Zusammenhänge zwischen den finanziellen und Zielkennzahlen des Unternehmens und dem, was Kommunikation leistet, sind bisher nicht ausreichend wissenschaftlich erhellt, um ein valides System für das Kommunikations-Controlling etablieren zu können.

Konzeptionsevaluation

Nach der Erstellung der PR-Konzeption wird diese anhand von Qualitätskriterien für den PR-Planungsprozess auf eventuelle Mängel geprüft, bevor mit der Durchführung begonnen wird (vgl. Besson 2008, Seite 122f). Als wesentliche Eckpunkte sind Wertschöpfungsbeitrag, Zieldefinition und Maßnahmenplan zu prüfen.

Medienresonanzanalyse

Systematische Analyse der Medienberichterstattung zu einem bestimmten Thema oder Themenkomplex in Quantität und/oder Qualität, bezogen auf einen festen Zeitraum. Aus wissenschaftlicher Sicht ist die Medienresonanzanalyse als Inhaltsanalyse ein Instrument der empirischen Sozialforschung. In der Praxis liegt der Fokus von Dienstleistern, Pressestellen und PR-Agenturen häufig auf schnellen, pragmatischen und kosteneffizienten Lösungen, wodurch wissenschaftlicher Anspruch zum Teil nachrangig behandelt wird.

Von Dienstleistern werden häufig je nach angestrebtem Erkenntnisgewinn und Schwerpunktsetzung verschiedene Subkategorien unterschieden, wie etwa Präsenzanalyse, Input-Output-Analyse, Trendanalyse etc., die das Leistungsangebot gliedern. Über die Medienresonanzanalyse erfolgt die Kontrolle der Wirkung, die PR in den Medien erzielt. Die Medienresonanzanalyse ist eines der wenigen etablierten und verbreiteten Evaluationsinstrumente der PR-Branche.

Page Impressions

Bezeichnet die Zahl der Seitenaufrufe eines Internetangebots. Da lediglich die aufgerufenen Seiten je Internetangebot gezählt werden, jedoch nicht die zusammenhängenden Nutzungsvorgänge oder gar der einzelnen Nutzer, ermöglichen Page Impressions nur eine grobe Einschätzung der Nutzungsintensität, nicht jedoch der Reichweitenleistung eines Internetangebots.

PR-Evaluation

Die kontinuierliche Erfassung, Bewertung und Kontrolle des PR-Prozesses.

Primär-/Sekundärnennung

Handelt ein Medienbericht überwiegend von dem untersuchten Thema (z. B. einem Unternehmen/einer Organisation), so wird in diesem Zusammenhang von einer „Primärnennung" gesprochen. Wird das besagte Thema nur am Rande erwähnt (der Schwerpunkt des Berichts liegt auf einem anderen Thema), ist die Rede von „sekundärer" Nennung. Diese Unterscheidung kann von Bedeutung sein, wenn große Mengen von Medienberichten gesammelt wurden, von denen jedoch ein Großteil für eine detaillierte Auswertung nicht von Interesse ist. Das ist der Fall, wenn viele Medienberichte hauptsächlich von einem anderen als dem relevanten Thema handeln und dieses nur nebenbei oder kurz erwähnen (z. B. in Tabellen oder Auflistungen). In diesem Fall kann die Analyse z. B. auf den Teil der Medienresonanz mit Primärnennung konzentriert werden, während die Medienresonanz mit Sekundärnennung z. B. nur nach der Anzahl der Berichte ausgewiesen wird.

Prozessevaluation

Die Prozessevaluation erfasst, bewertet und kontrolliert die Phase der Durchführung im PR-Prozess. In dieser Phase werden Plantreue, Ressourcenverwendung, interne soziale Faktoren und Störfaktoren kontrolliert, etwa anhand der Zeit-, Personal- und Budgetplanung des Maßnahmenplans (vgl. Besson 2008, Seite 130ff).

PR-Quotient

(PR-initiierte Berichterstattung)/(gesamte erfasste Berichterstattung zum jeweiligen Thema) Als „PR-initiiert" (auch: „eigeninitiiert") werden Berichte eingestuft, die sich einem konkreten PR-Projekt oder einer PR-Aktivität des Unternehmens/der Organisation zuordnen lassen. „Fremdinitiierte" Medienberichte lassen dagegen keinen direkten Einfluss der PR-Arbeit erkennen und basieren auf anderen Quellen. Der Initiativquotient ist ein Indikator dafür, wie weit die PR auf die Berichterstattung zu diesem Thema Einfluss nimmt. Diese Maßzahl wird mitunter auch als „Induktionsquotient" bezeichnet.

Reichweite

Die Reichweite ist ein Maß für den Umfang der Nutzerschaft eines Mediums, das in Prozent der Gesamtbevölkerung oder einer Zielgruppe oder auch als absolute Zahl angegeben wird. Dabei gibt es je nach Mediengattung Unterschiede. So gibt etwa die Reichweite für Printmedien an, wie viele Personen eine Ausgabe gelesen haben (LpA); für TV und Hörfunk werden Zuschauer- und Hörerzahlen zur Messung der Reichweite erhoben. Unterschieden werden ferner Brutto- und Nettoreichweite: während die Bruttoreichweite sämtliche Kontakte mit einem Medium erfasst, werden in der Nettoreichweite einzelne Personen trotz Mehrfachkontakten zu dem Medium nur einmal gezählt. In der PR wird die Reichweite oft als quantitative Kenngröße für Zielsetzungen und Erfolgsmessungen verwendet.

Reliabilität

Mit der Reliabilität eines (Evaluations-) Instruments wird die Zuverlässigkeit beschrieben, mit der es genau misst. Ein Instrument ist dann reliabel, wenn sich damit die Messergebnisse bei wiederholter Messung reproduzieren lassen. Reliabilität und > Validität sind grundlegende Gütekriterien für Messinstrumente. Sie bedingen einander, wobei jedoch Reliabilität noch keine hinreichende Voraussetzung dafür ist, dass auch Validität gegeben ist.

Reputation

Über die Definition besteht kein Konsens, vielmehr existieren eine Vielzahl von Versuchen, das Konstrukt „Reputation" begrifflich zu erfassen. Reputation stellt ein soziales, kollektives Phänomen dar: Die Reputation einer Organisation oder Person spiegelt die Einschätzung ihres „Rufes" bei relevanten Stakeholdern wider, also die Einschätzung, wie Dritte bzw. die Öffentlichkeit diesen „Ruf" beurteilen. Reputation ist eng mit dem Begriff Vertrauen verbunden und setzt zudem nachhaltiges Handeln voraus, das dem erwarteten Verhalten entspricht (Helm 2007, Seite 31).

Der Begriff Reputation wird zum Teil nach funktional-kognitiver und sozial-kognitiver Dimension gegliedert (vgl. Eisenegger 2005, Seite 37) sowie ggf. zusätzlich nach affektiv-emotionaler Dimension (Ingenhoff 2007, Seite 56). Die funktionalen Faktoren der Reputation betreffen dabei die erfolgreiche Leistungserstellung, die soziale Reputation stellt die Frage nach dem Einklang mit moralischen Werten und die expressive Reputation betrifft die Sympathie und das Faszinationspotenzial. Die Reputation zählt zu den wichtigsten immateriellen Vermögenswerten von Unternehmen (Porák 2005, Seite 179), und deren Schaffung und Pflege zählt zu den Oberzielen von PR.

Resonanzquotient

Setzt die Zahl der PR-Maßnahmen, die Medienresonanz ausgelöst haben, ins Verhältnis zur Gesamtzahl der PR-Maßnahmen, die zu diesem Zweck durchgeführt wurden. Haben beispielsweise acht von zehn Pressemitteilungen in einem bestimmten Zeitraum zu Veröffentlichungen geführt, so beträgt der Resonanzquotient der Pressemitteilungen 80 Prozent.

Skalenniveaus

Es werden vier Skalenniveaus unterschieden: Nominal-, Ordinal-, Intervall- und Rationalskala.

Social Media Monitoring

Die systematische Beobachtung von Social Media in Bezug auf relevante Inhalte wie Nennungen von Meinungen zu Unternehmen, Marken oder Personen. Durch Social Media Monitoring lassen sich insbesondere Meinungen von Stakeholdern vergleichsweise einfach in Erfahrung bringen. Der schiere Umfang der Social Media lässt für das Monitoring eine Kategorisierung nach Relevanz (z. B. in A-, B- und C-Medien) sinnvoll erscheinen. Diese Einstufung sollte nicht pauschal, sondern individuell je nach relevanter Stakeholdergruppe und Interessensschwerpunkt des Unternehmens/der Organisation getroffen werden.

Summative Evaluation

Die abschließende Ex-post-Evaluation im Nachgang des PR-Prozesses. Anders als bei der > formativen Evaluation dienen die Erkenntnisse der summativen Evaluation zur nachträglichen Bewertung und können nicht mehr in den (bereits abgeschlossenen) Prozess einfließen, bieten aber Erkenntnisse als Basis für zukünftige Handlungen.

Tausendkontaktpreis (TKP)

Das investierte Budget wird ins Verhältnis zur erreichten Öffentlichkeit gesetzt. Ursprünglich handelt es sich um eine Kennzahl aus der Werbung, die in der Mediaplanung zum Vergleich der Wirtschaftlichkeit von Werbung in verschiedenen Werbeträgern dient. Sie weist aus, wie hoch die Kosten für die Erreichung von 1.000 (Brutto-)Kontakten sind. Es wird mit Bruttoreichweiten gerechnet, die Mehrfachkontakte einzelner Personen mit dem Medien mit einrechnen. Nach der Ermittlung der erzielten Reichweite wird das gesamte eingesetzte Budget (inkl. Personal- und Agenturkosten) mit 1000 multipliziert und durch die Reichweite dividiert:

$$TKP = Gesamtkosten*1000 \text{ Kontakte } / \text{ Reichweite (brutto)}$$

In der PR-Evaluation lässt sich auf diese Weise die Wirtschaftlichkeit einer Maßnahme aufzeigen. Wird mit Netto- anstelle von Bruttoreichweiten gerechnet, so ist die Rede von Tausend-Nutzer/Hörer/Leser-Kontaktpreis.

Unique Users (einzelne Nutzer)

Internet-Reichweitenzahl, die von der > AGOF für die Webseiten ihrer Mitglieder erhoben wird. Nach Definition der AGOF ist ein Unique User eine „Person, die innerhalb des Erhebungszeitraums auf einer AGOF-Seite mindestens einen (einem Unique Client eindeutig zuzuordnenden) Kontakt ausgelöst hat." Jeder Nutzer wird nur einmal gezählt, auch wenn er mehrfach auf eine Seite zugegriffen hat.

Validität

Die Validität eines (Evaluations-) Instruments beschreibt die Gültigkeit der Messung. Ein Messinstrument ist valide, wenn damit das gemessen wird, was gemessen werden soll. Es geht also darum, ob die Messergebnisse zu der eingangs gestellten Forschungsfrage passen. Validität und > Reliabilität sind grundlegende Anforderungen, die an jegliche Messinstrumente gestellt werden. Sie bedingen einander, wobei jedoch hohe Reliabilität noch keine hinreichende Voraussetzung dafür ist, dass auch Validität gegeben ist.

Value Links

Value Links beschreiben die Zusammenhänge von Ursache und Wirkung. Diese lassen sich mehrstufig anhand von Werttreiberbäumen darstellen. Ein Beispiel dafür bietet die Strategy Map, ein Konzept der > Balanced Scorecard, die Ursache-Wirkungsketten des Zielsystems eines Unternehmens gliedert und in mehreren Dimensionen darstellt. Anhand von Value Links sollen > Werttreiber aufgezeigt werden, die ursächlich zur Erreichung von Unternehmenszielen beitragen und in den Unternehmenserfolg einzahlen. In der Kommunikation sollen anhand von Value Links die Kommunikationsziele und -wirkungen kausal verknüpft werden, um so z. B. auch immaterielle Wirkungen argumentativ mit materiellen Resultaten zu koppeln. Dabei ist jedoch Vorsicht geboten, da derlei Kausalzusammenhänge meist nicht oder nur unzureichend wissenschaftlich belegt sind. Im ungünstigsten Fall könnten sie sich gegen den Kommunikator wenden, wenn er auch die Verantwortung für negative Resultate übernehmen muss, die nur bedingt kommunikativ steuerbar sind.

Visits

Visits bezeichnen die Zahl der Besuche (zusammenhängende Nutzungsvorgänge) von Internet-angeboten. Die Zahl der Visits ist nicht identisch mit der Zahl der dahinter stehenden Nutzer, da ein Nutzer durch Mehrfachzugriff auf dasselbe Internetangebot mehrere Visits generieren kann.

Werbeäquivalenzwert

Vgl. > Anzeigenäquivalenzwert

Wertschöpfungsbeitrag

Unternehmen oder Organisationen haben ein übergeordnetes Ziel, z. B. finanziellen Gewinn oder gesteigerte Mitgliederzahlen. Der Wertschöpfungsbeitrag beschreibt, welchen Beitrag z. B. die Kommunikation leistet, um dieses Fernziel zu erreichen. Kommunikation kann dann einen Wertschöpfungsbeitrag leisten, wenn sie an der Unternehmensstrategie ausgerichtet ist.

Werttreiber

Zusammenhängende Faktoren, die zu einem übergeordneten Wert führen. Im Optimalfall kausal verknüpft – in der Realität meist nur in einer Korrelation verknüpft. Beispiel: Aufmerksamkeit ermöglicht Wahrnehmung. Wahrnehmung kann Emotionen und Wissen erzeugen. Wissen und Emotionen können eine Einstellung zu einem Objekt hervorrufen. Die kollektive Einstellung kann eine Reputation erzeugen.

Wirkungsstufen, Wirkungsstufenmodelle

In zahlreichen Modellen wurde bisher versucht, die (Wirkungs-) Stufen von PR für die systematische Evaluation aufzugliedern und anhand von Stufenmodellen oder Kreisläufen darzustellen. Die Definitionen und Bezeichnungen solcher Stufen variieren dabei jedoch stark. Meist ist die Rede von Input, Output und Outcome; zum Teil auch von Outgrowth, Impact, Outtake und Result, ohne dass jedoch zwischen den Modellen ein Konsens über die Begriffsverwendung bestünde. Der Arbeitskreis Wertschöpfung der DPRG unterscheidet zuletzt in seiner gemeinsam mit dem Internationalen Controller Verband erstellten Systematik die Wirkungsebenen Input (Initiierung der Kommunikation) – Output (Verfügbarkeit und Reichweite der Botschaften/Angebote) – Outcome (Wirkung bei den Bezugsgruppen) – Outflow (betriebswirtschaftliche Wirkung).